1. $y = \frac{5}{2}x + 3$

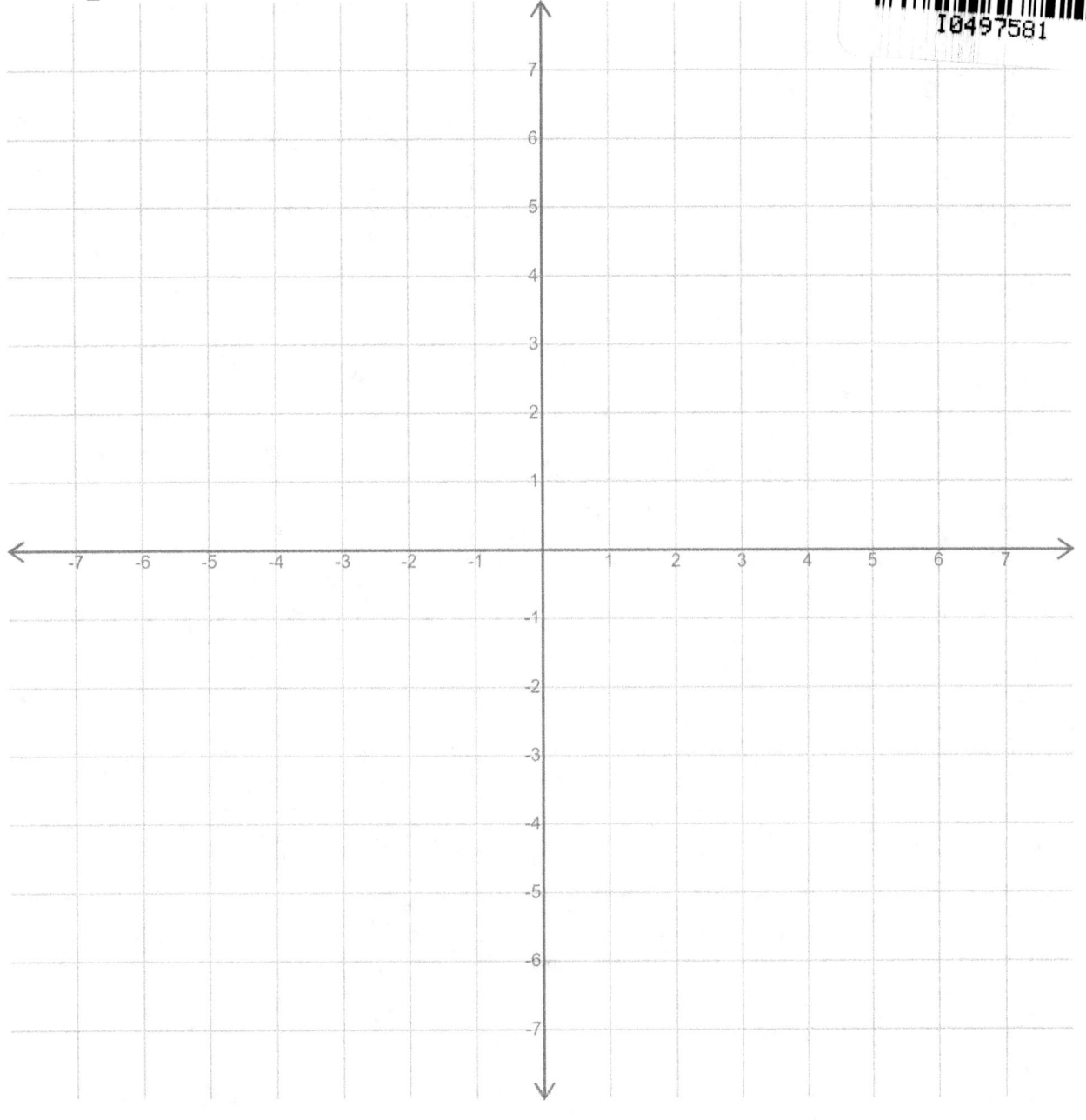

2. $y = \frac{-7}{4}x + 4$

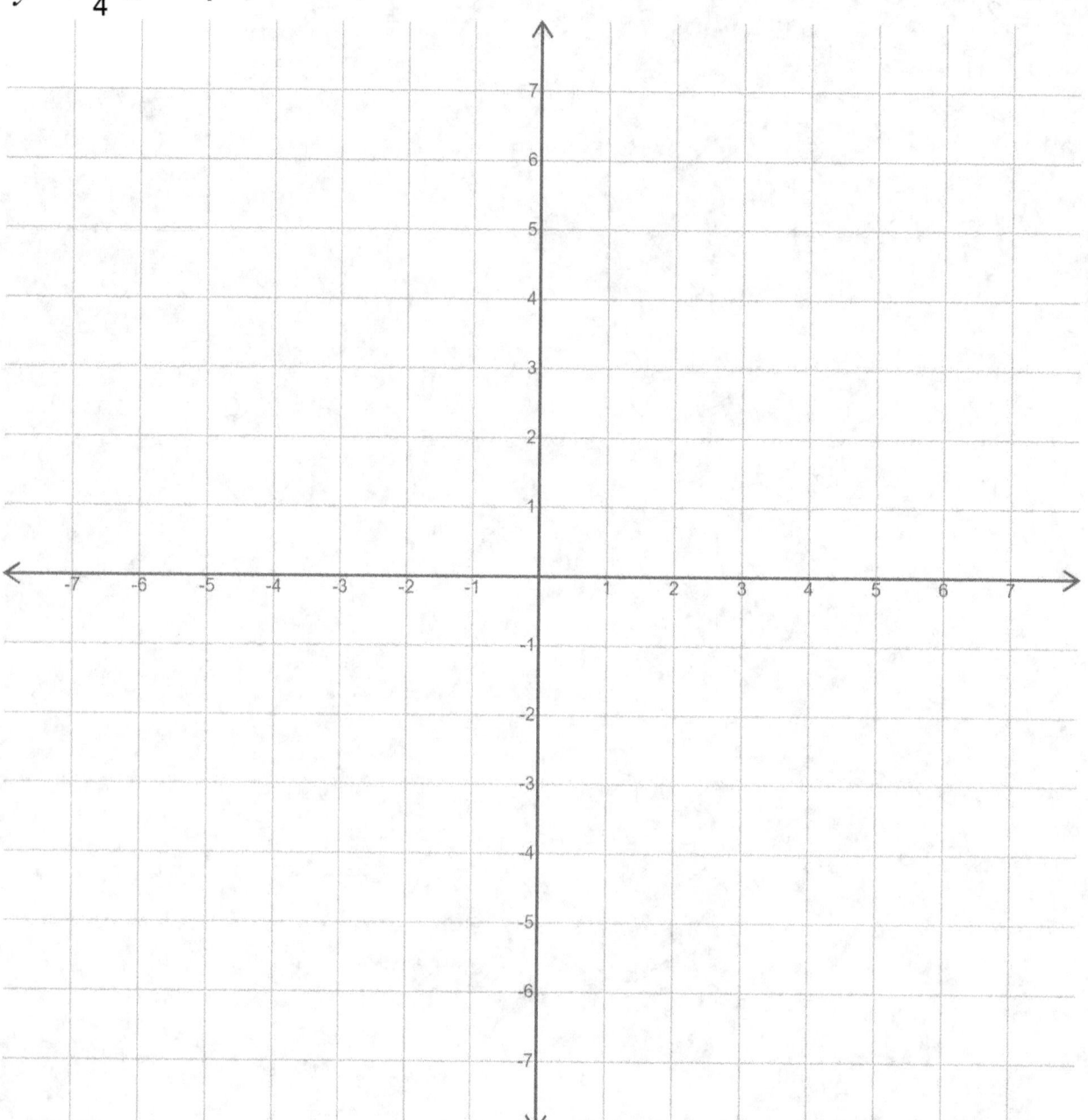

3. $x = -4$

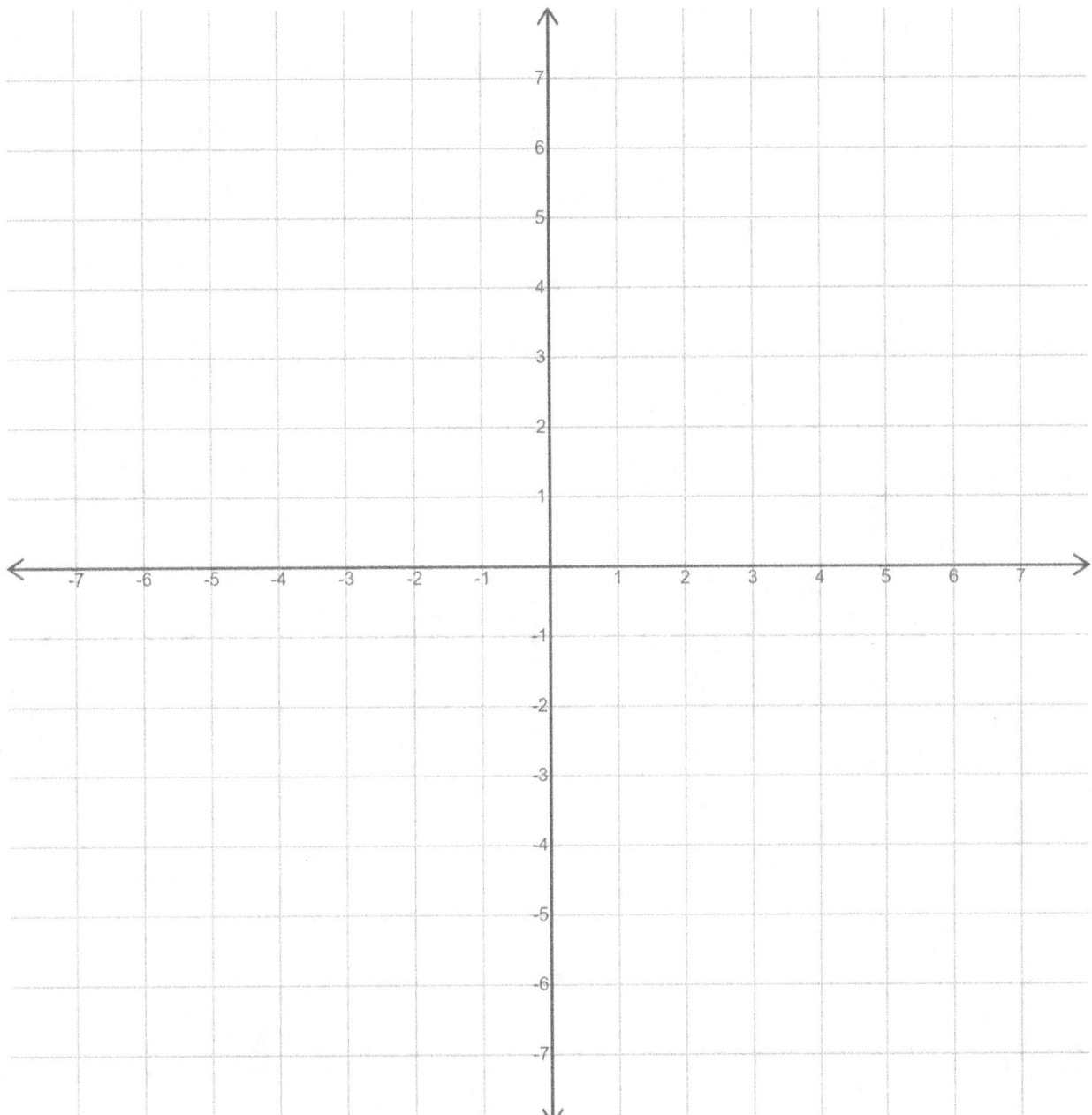

4. $y = \frac{-7}{4}x - 6$

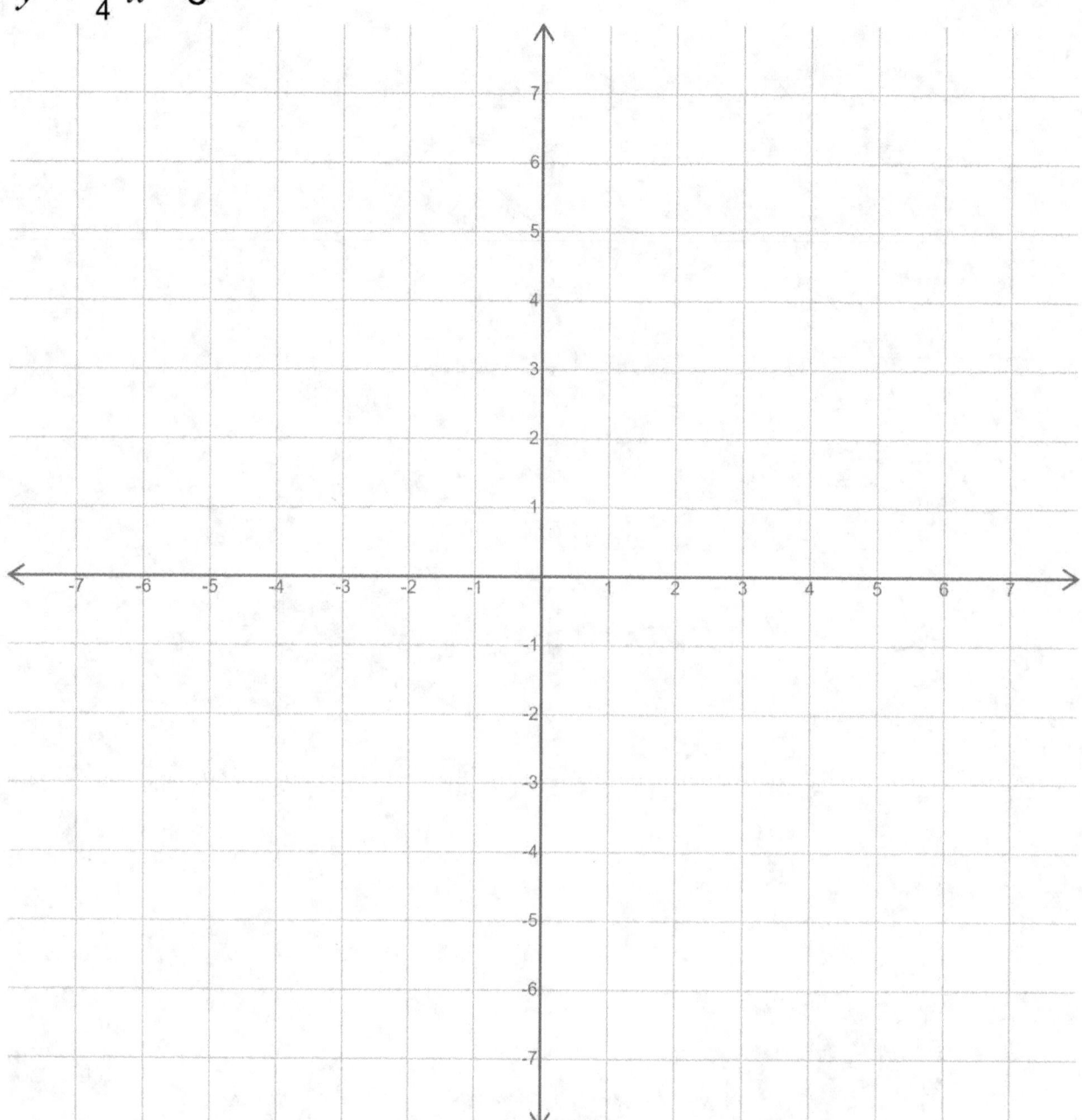

5. $y = \dfrac{-1}{2}x + 4$

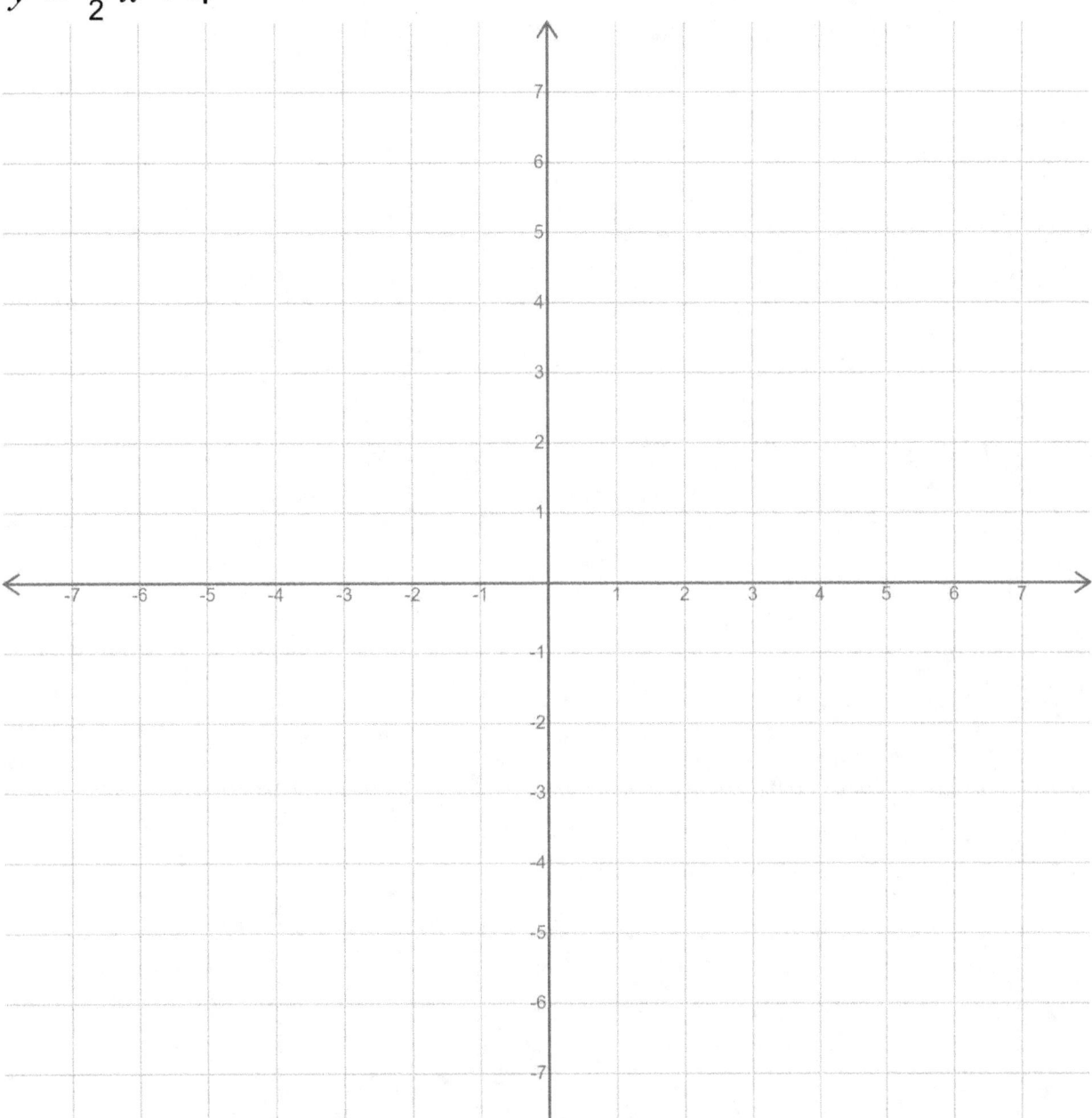

6. $y = \frac{-5}{2}x + 3$

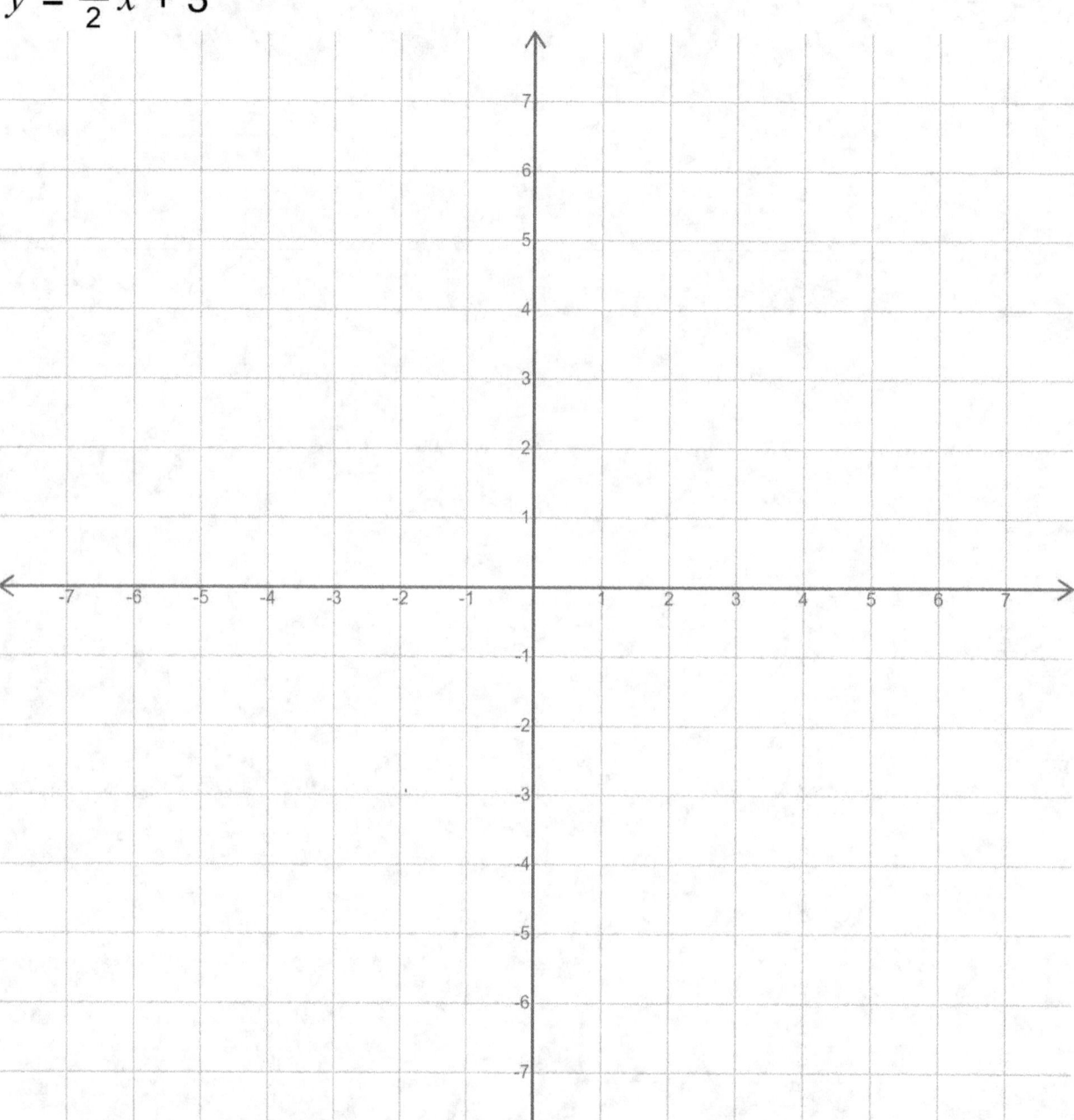

7. $y = \frac{1}{4}x - 7$

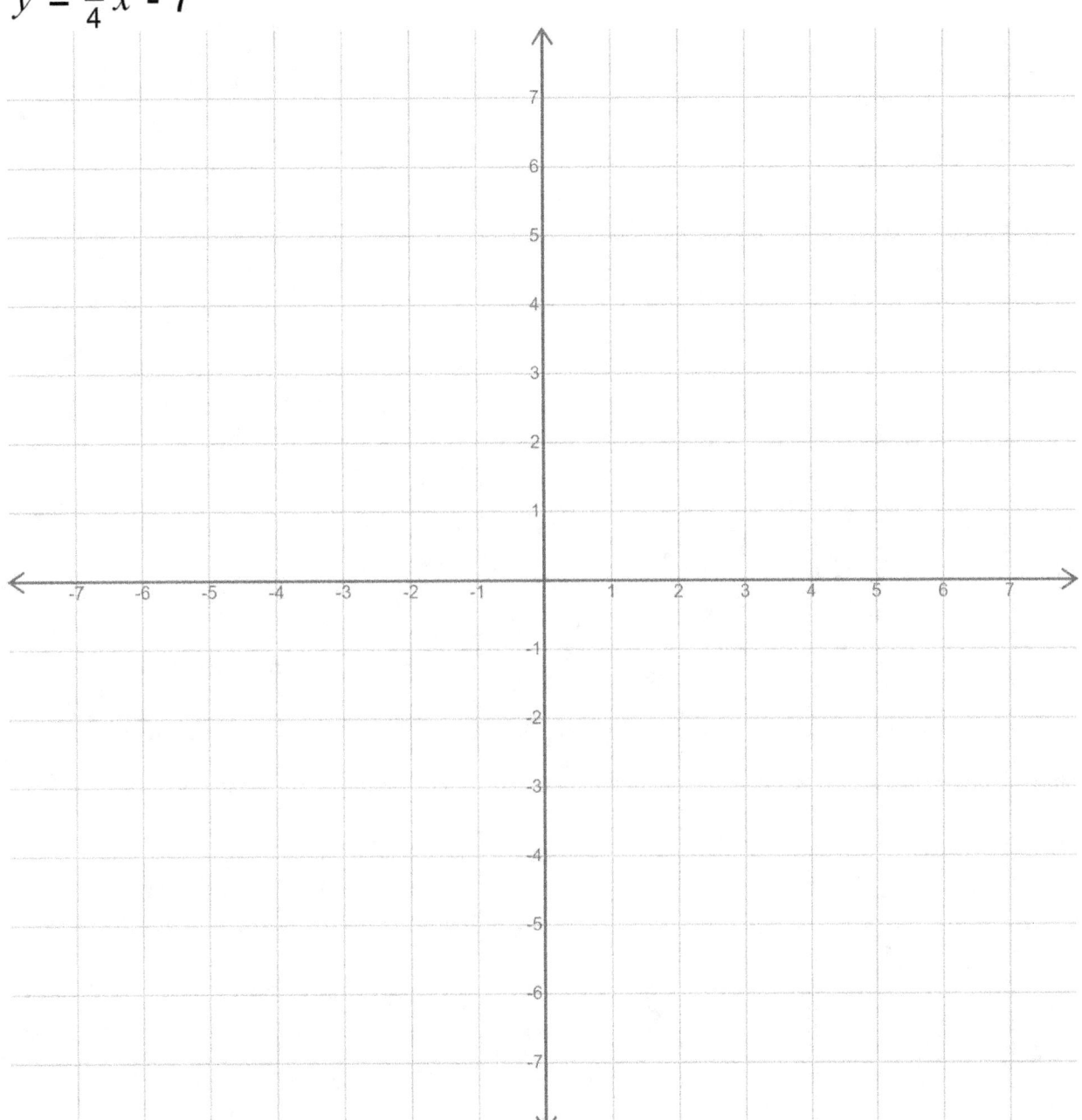

8. $y = \frac{7}{4}x - 5$

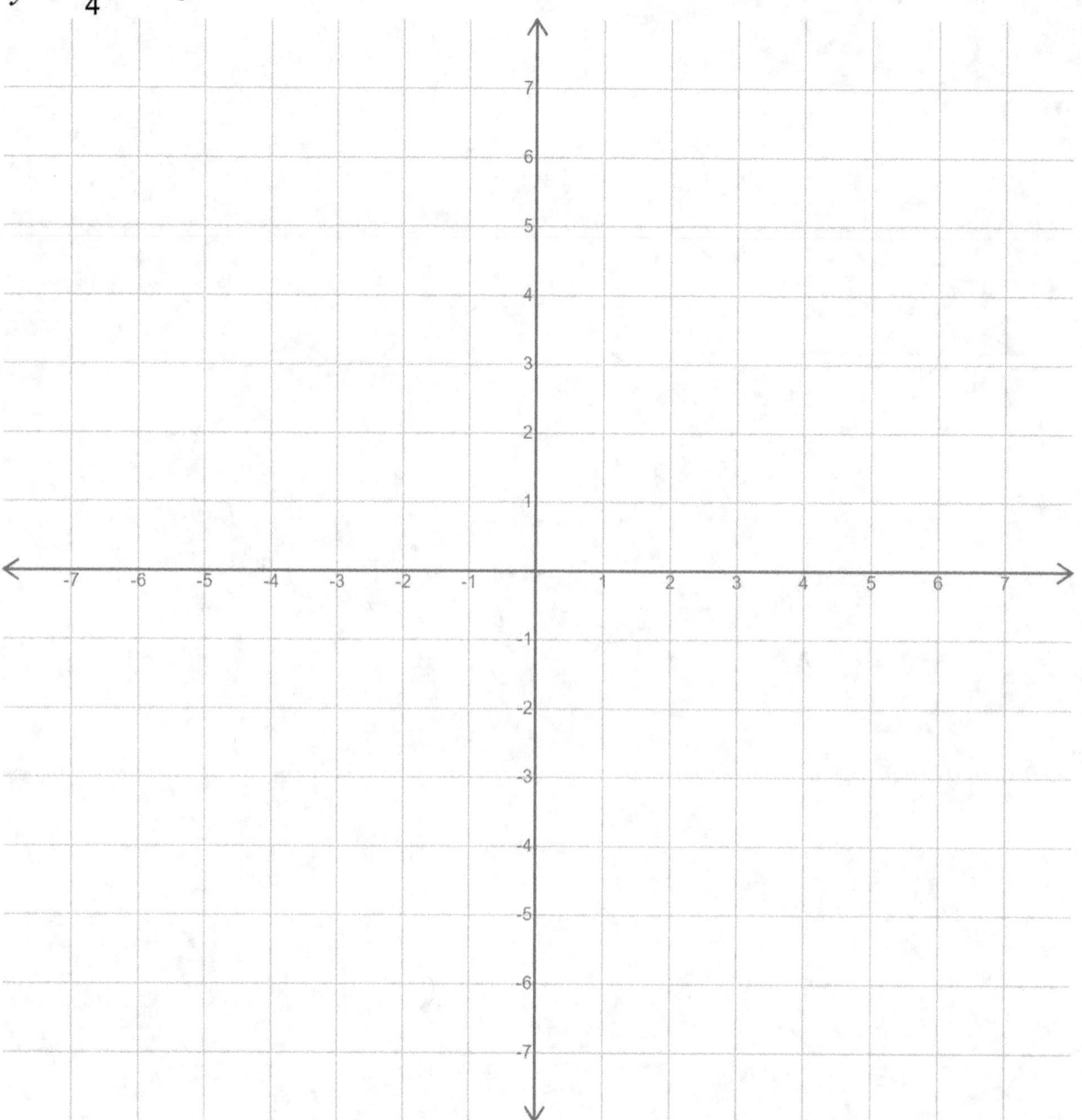

9. $y = -2x - 6$

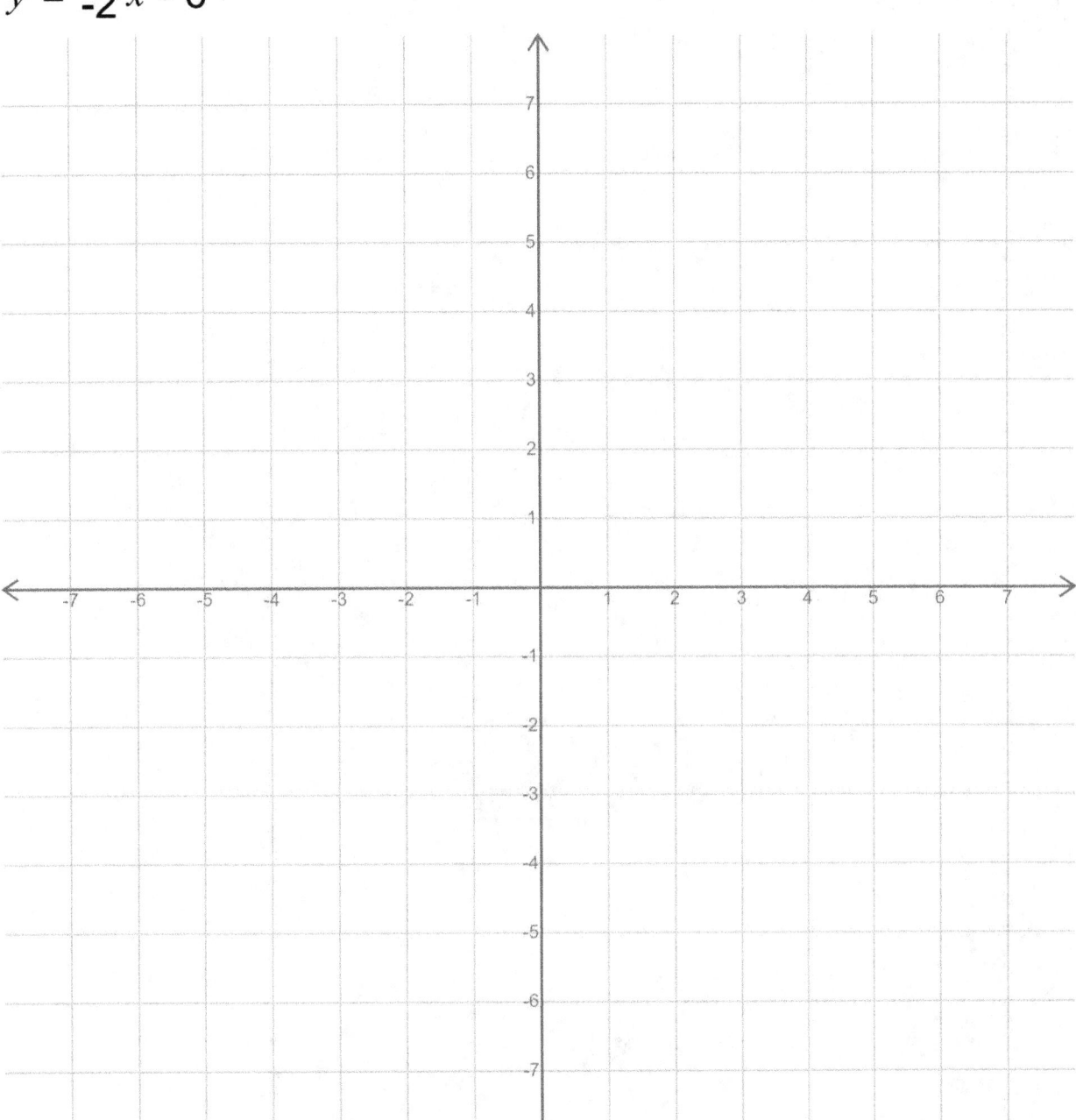

10. $y = \frac{3}{2}x + 3$

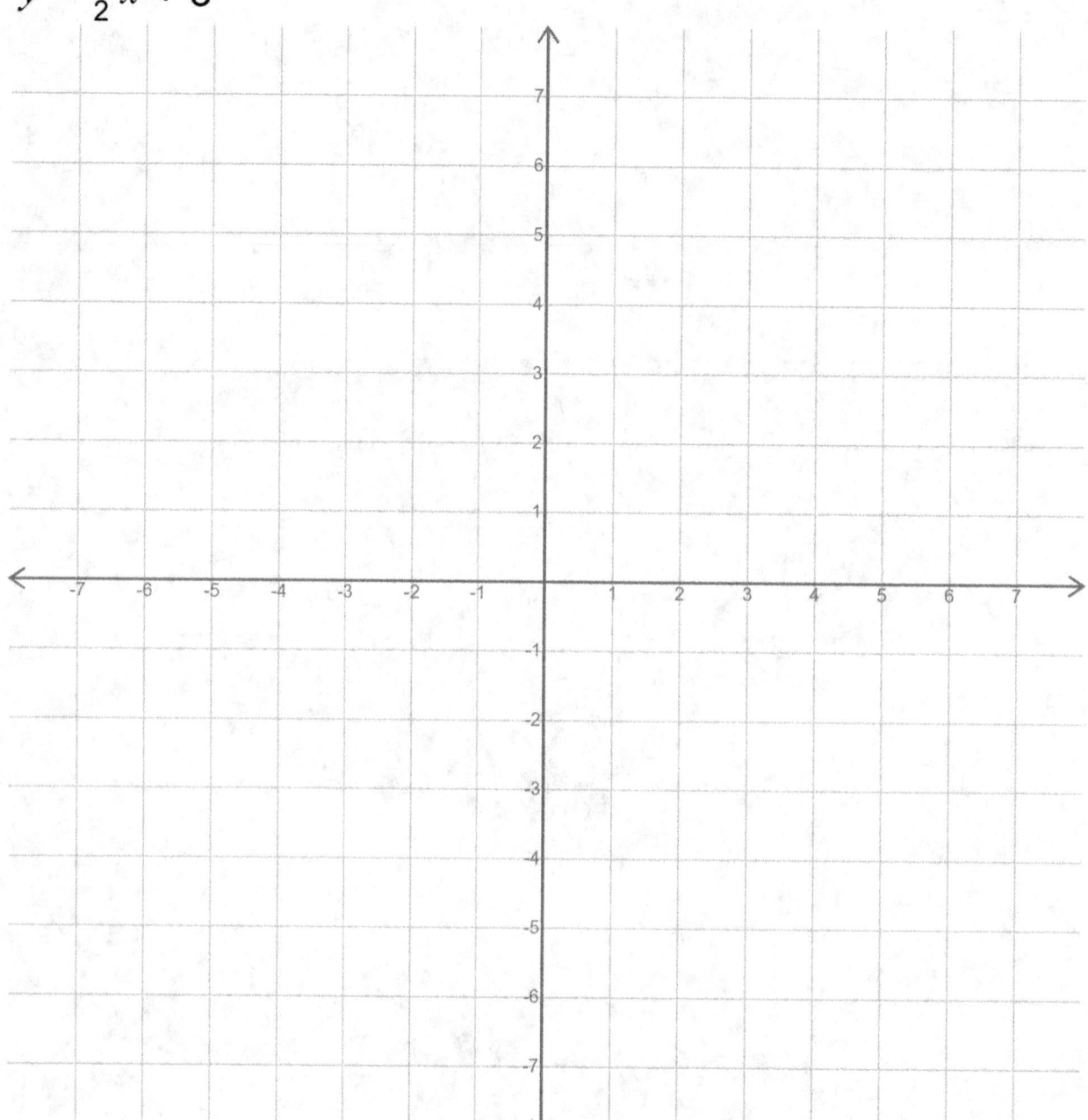

11. $y = \frac{-3}{2}x + 7$

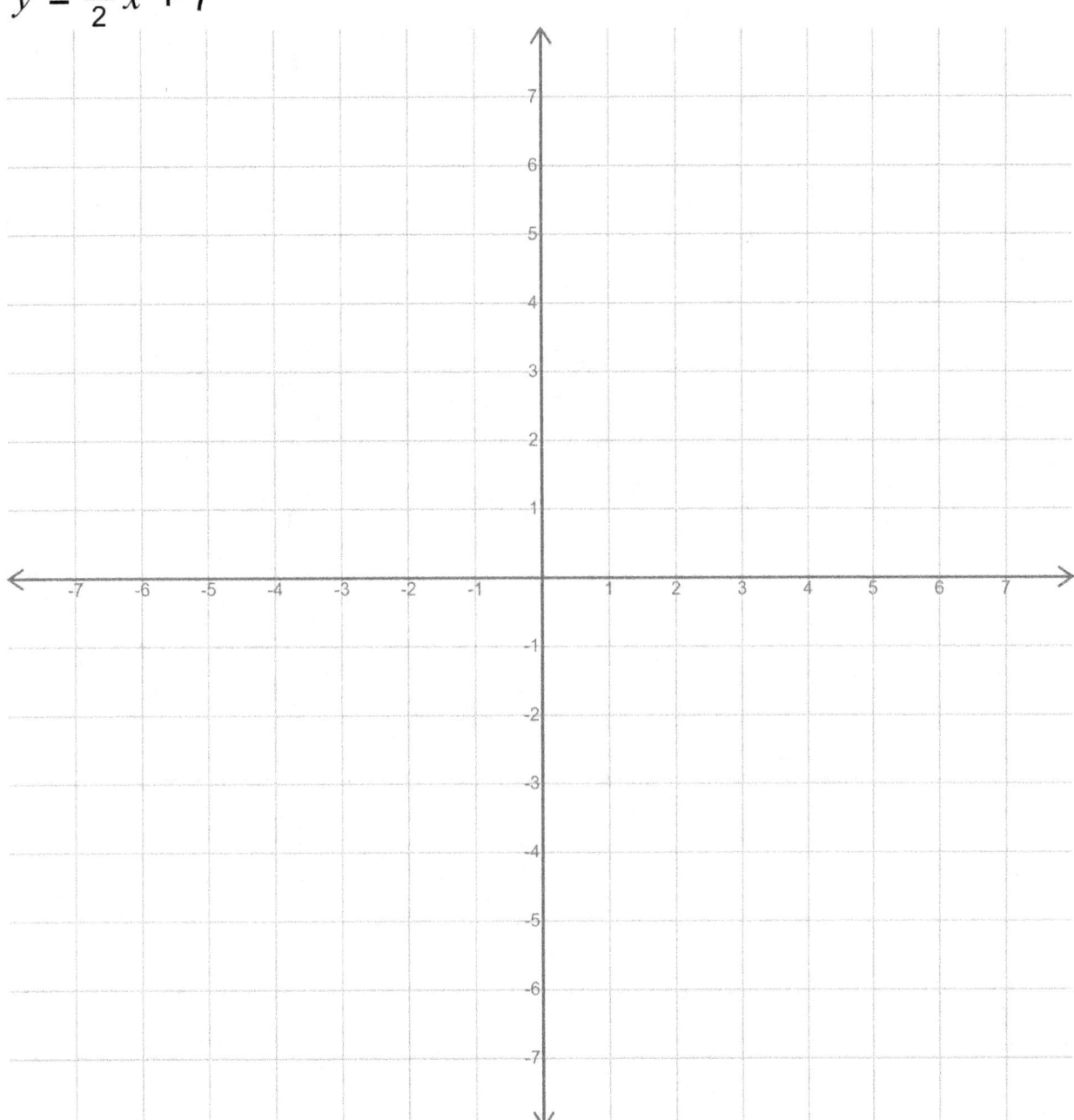

12. $y = -x - 1$

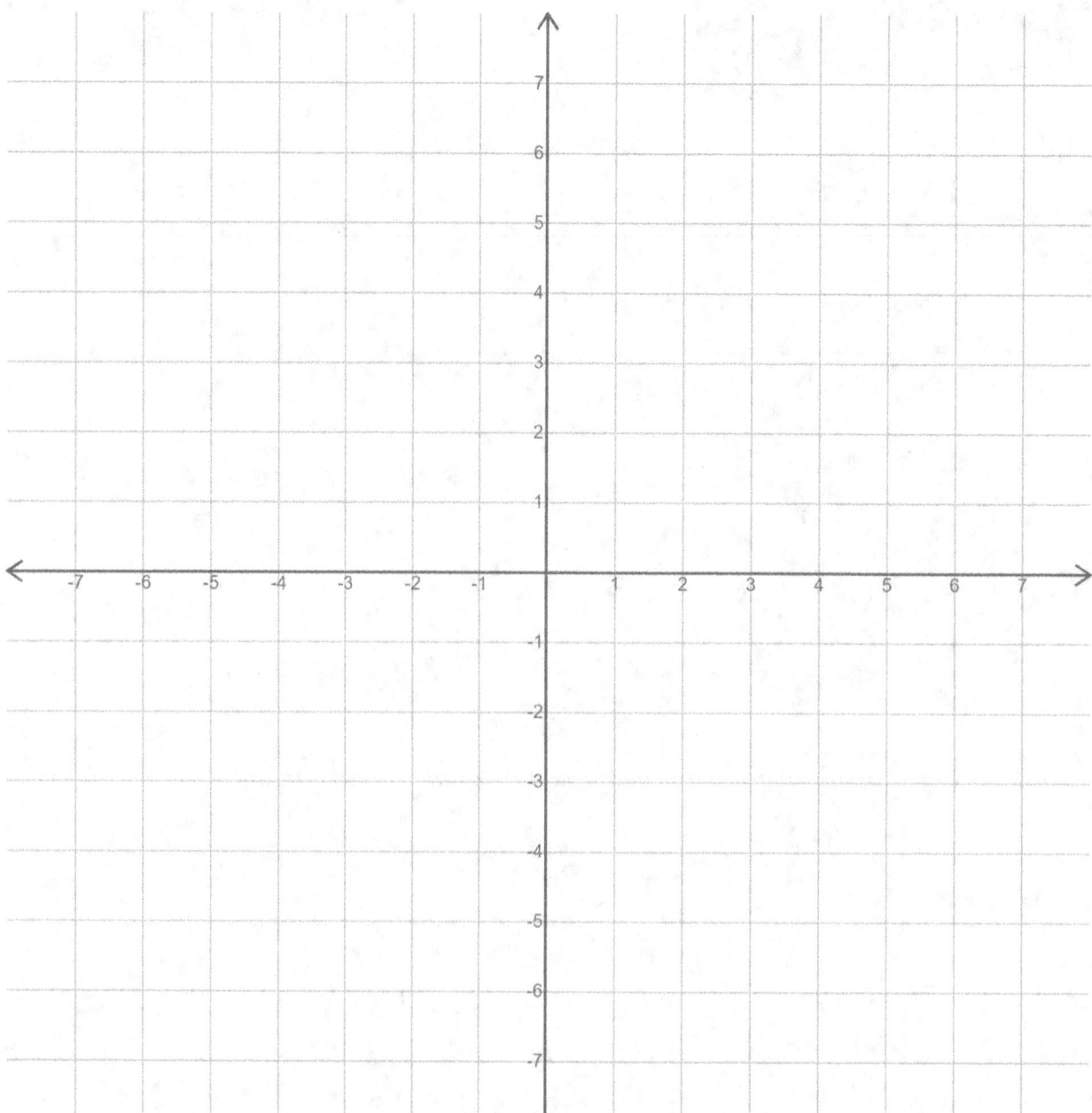

13. $y = -2x - 1$

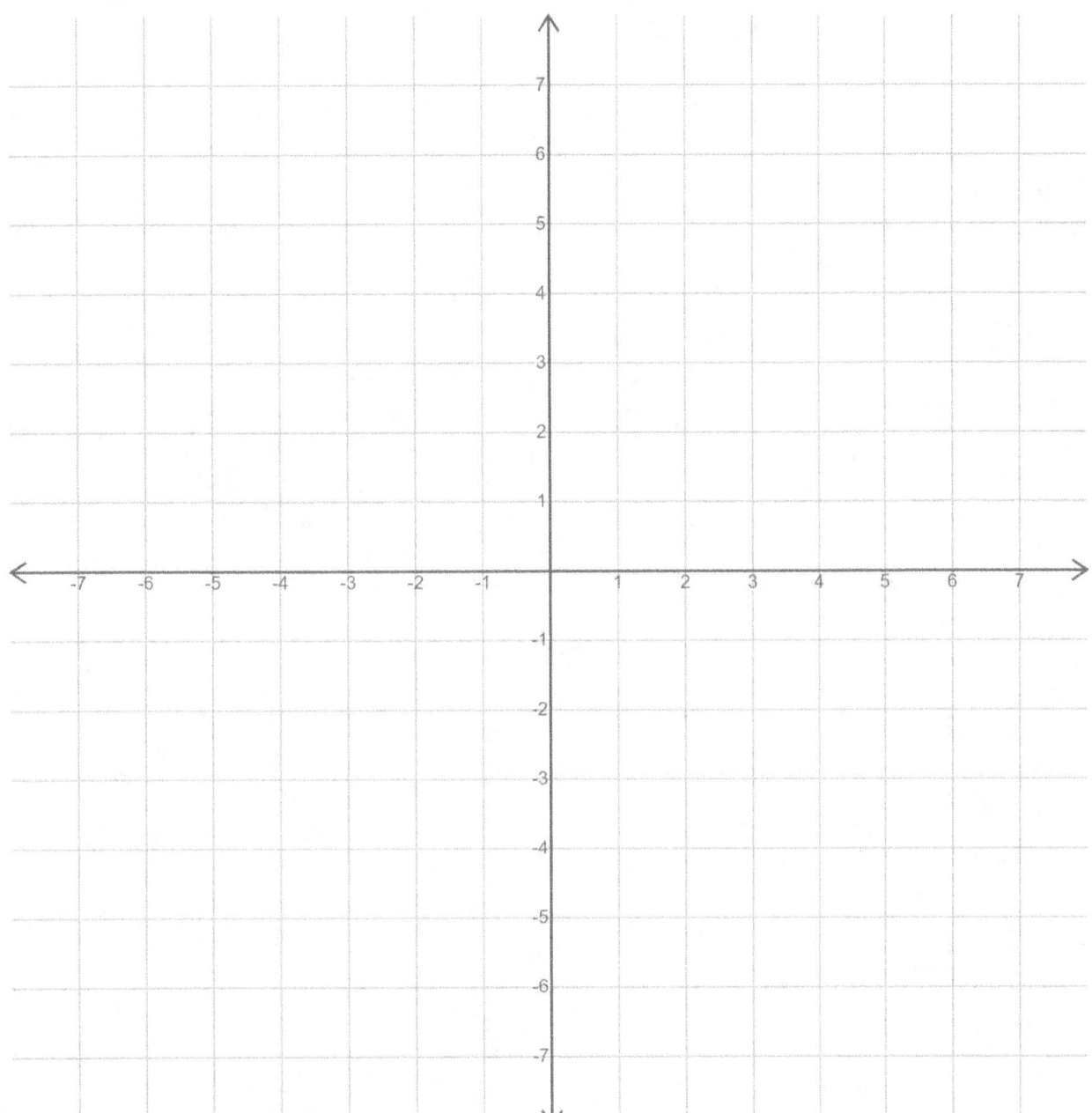

14. $y = \dfrac{-3}{4}x - 3$

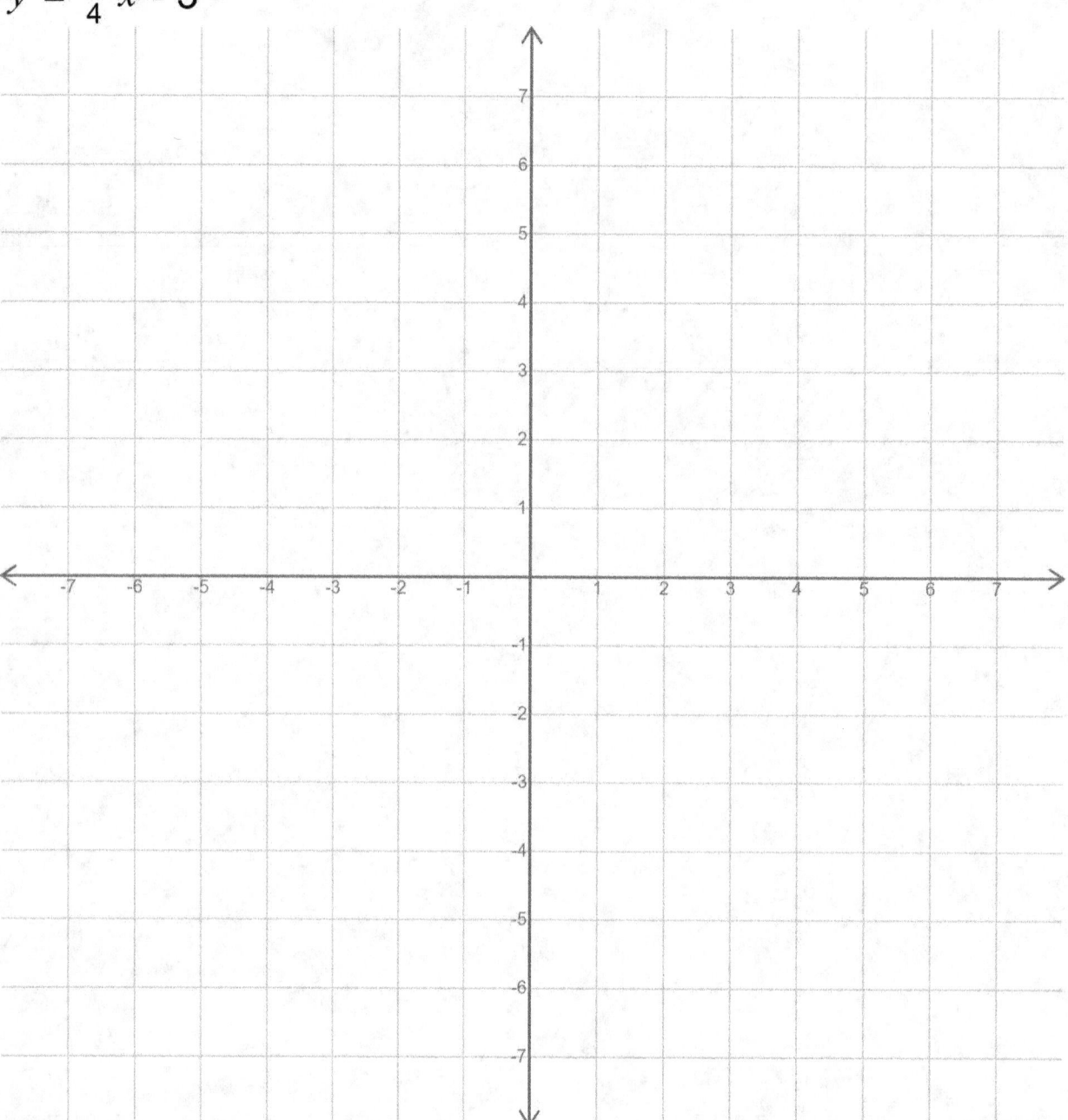

15. $y = \dfrac{-1}{2}x - 7$

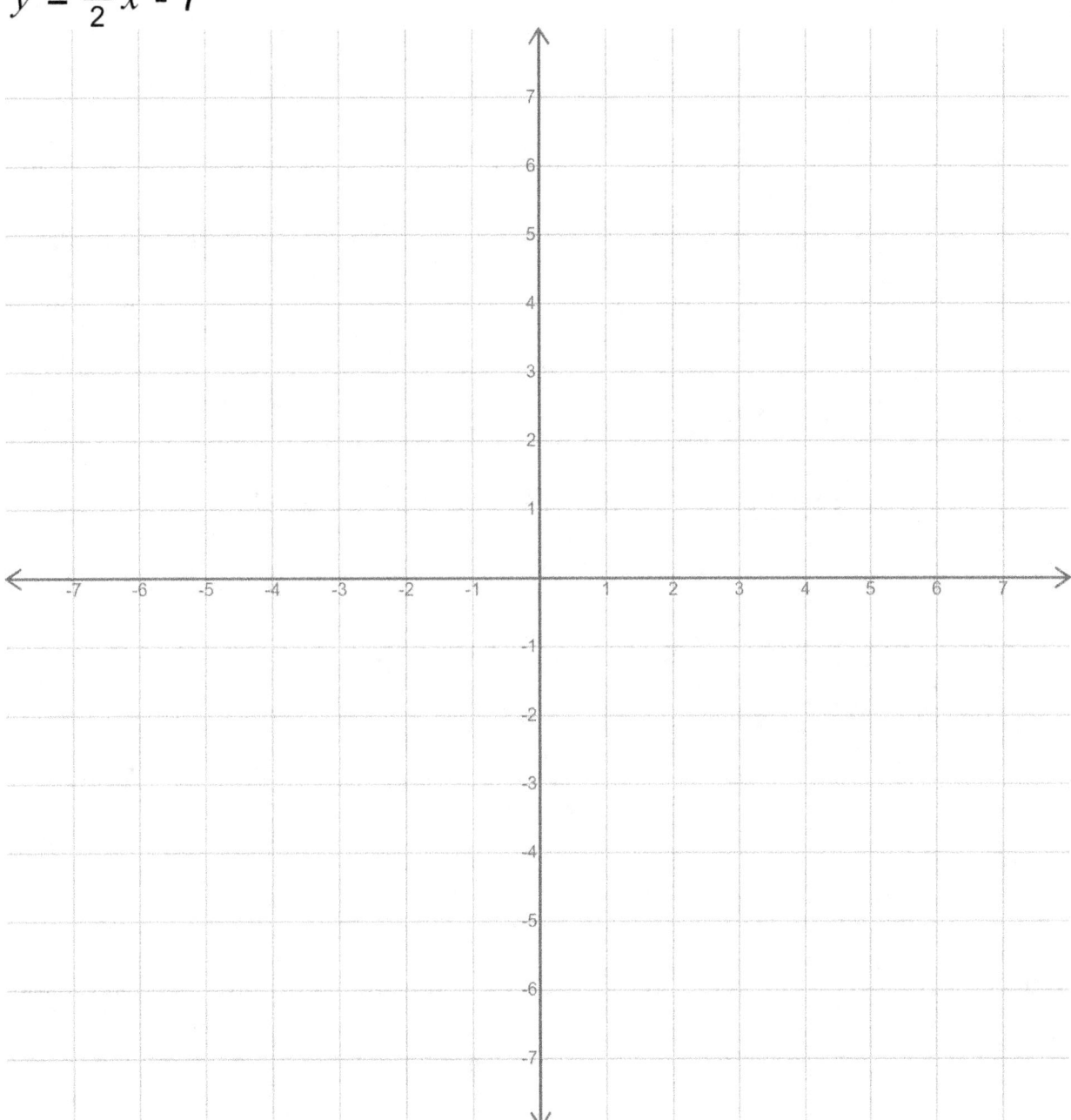

16. $y = 3x - 5$

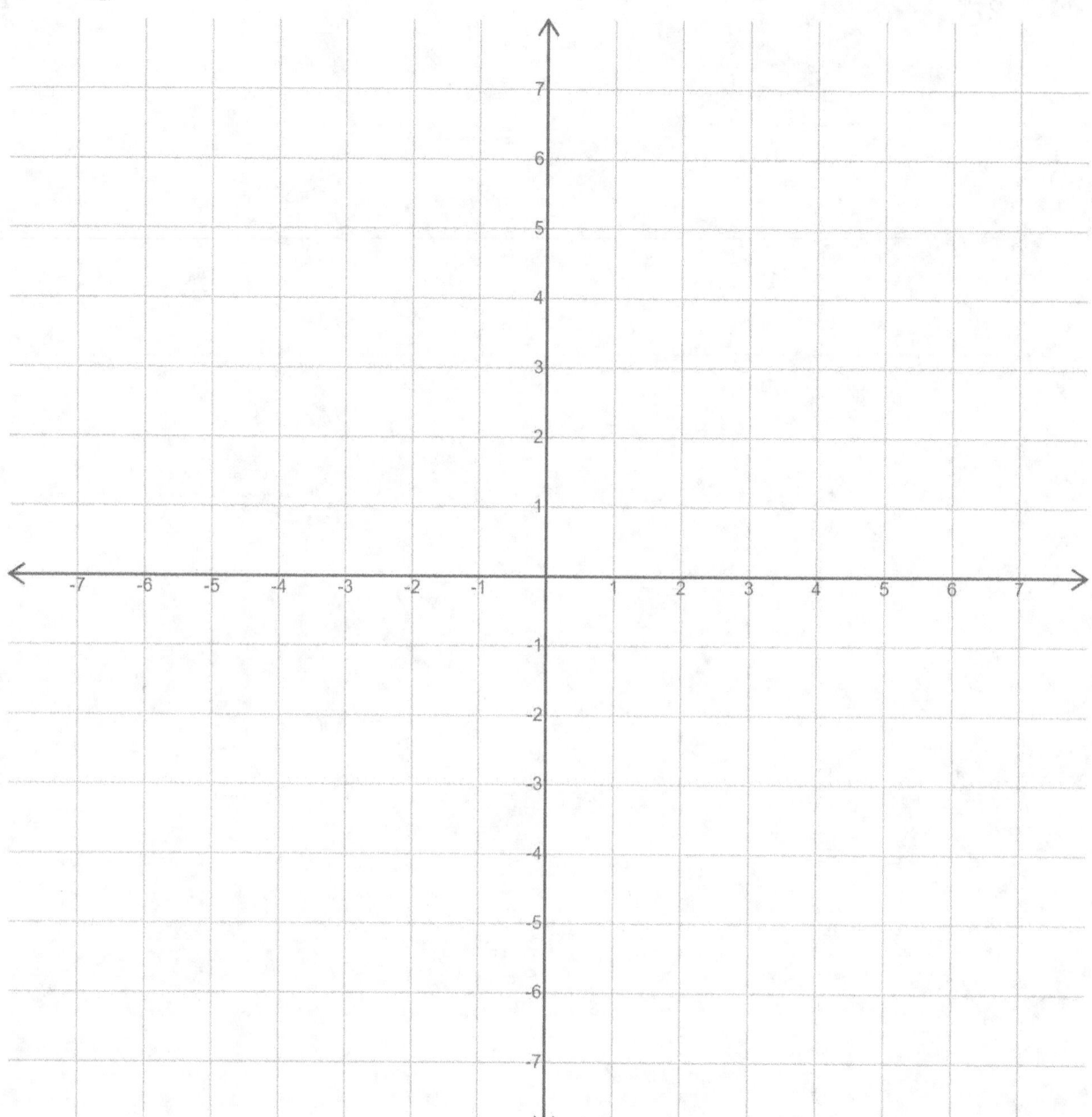

17. $y = \dfrac{11}{4}x - 4$

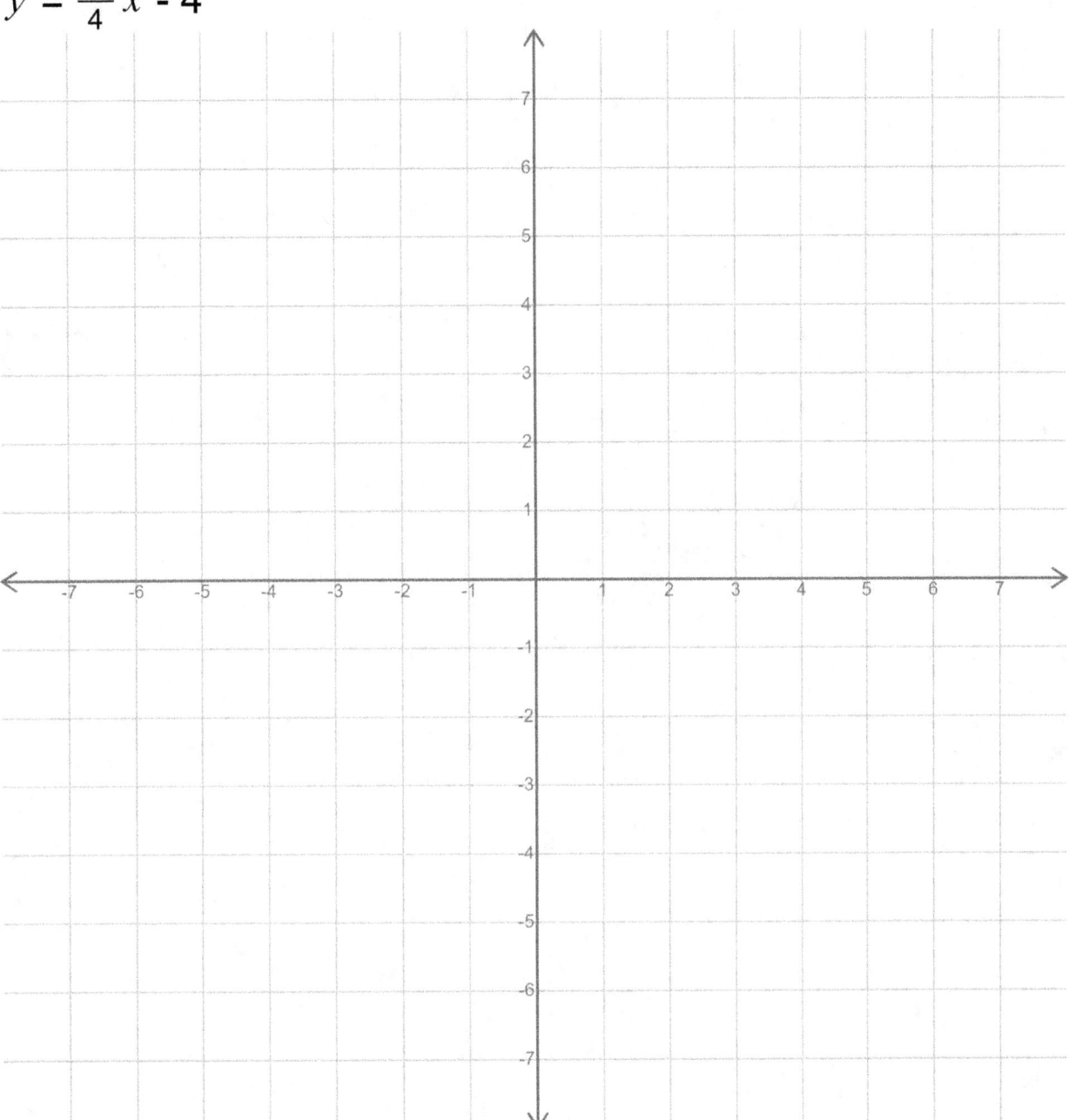

18. $y = \frac{3}{4}x + 3$

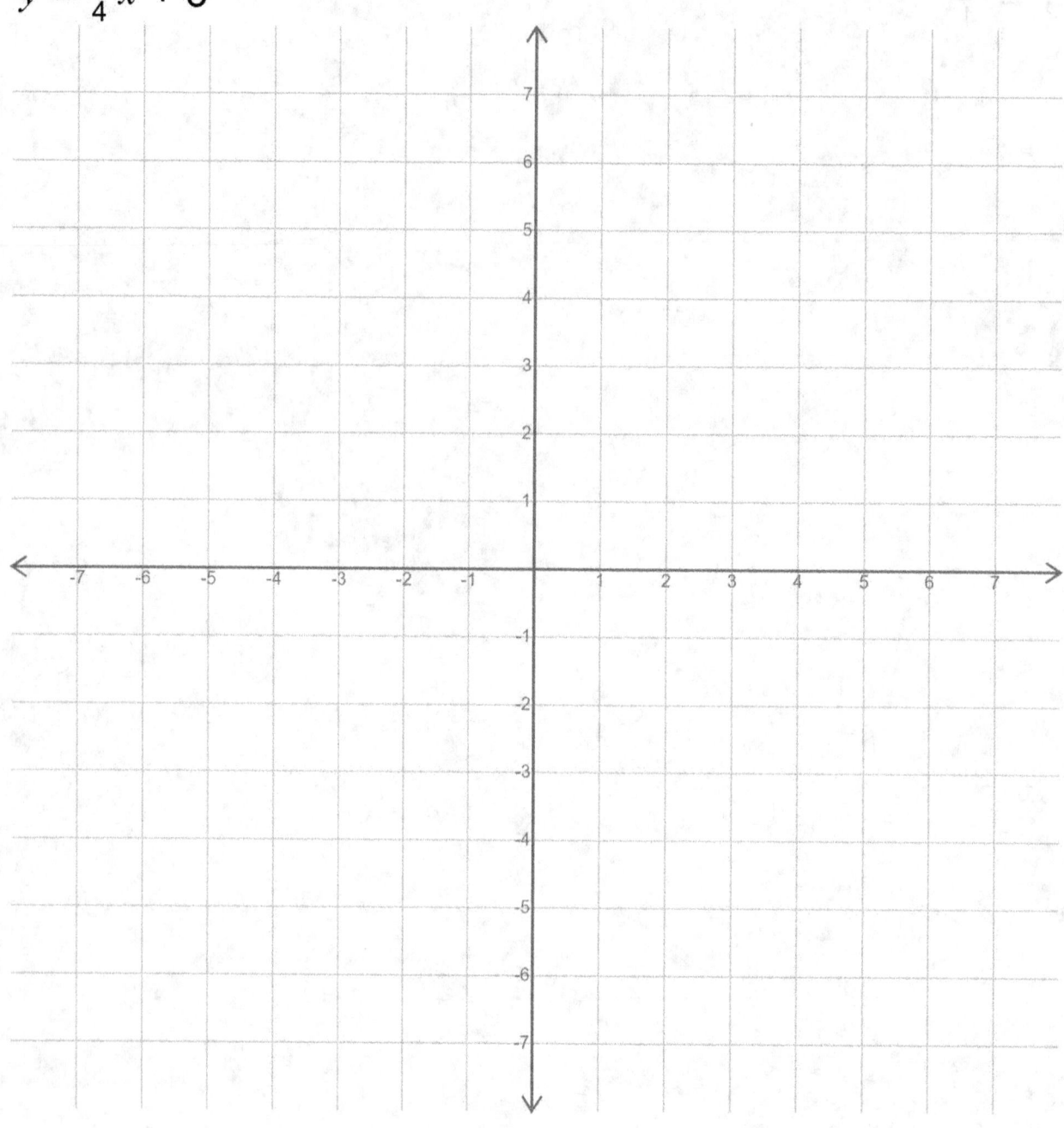

19. $y = \dfrac{-11}{4}x + 7$

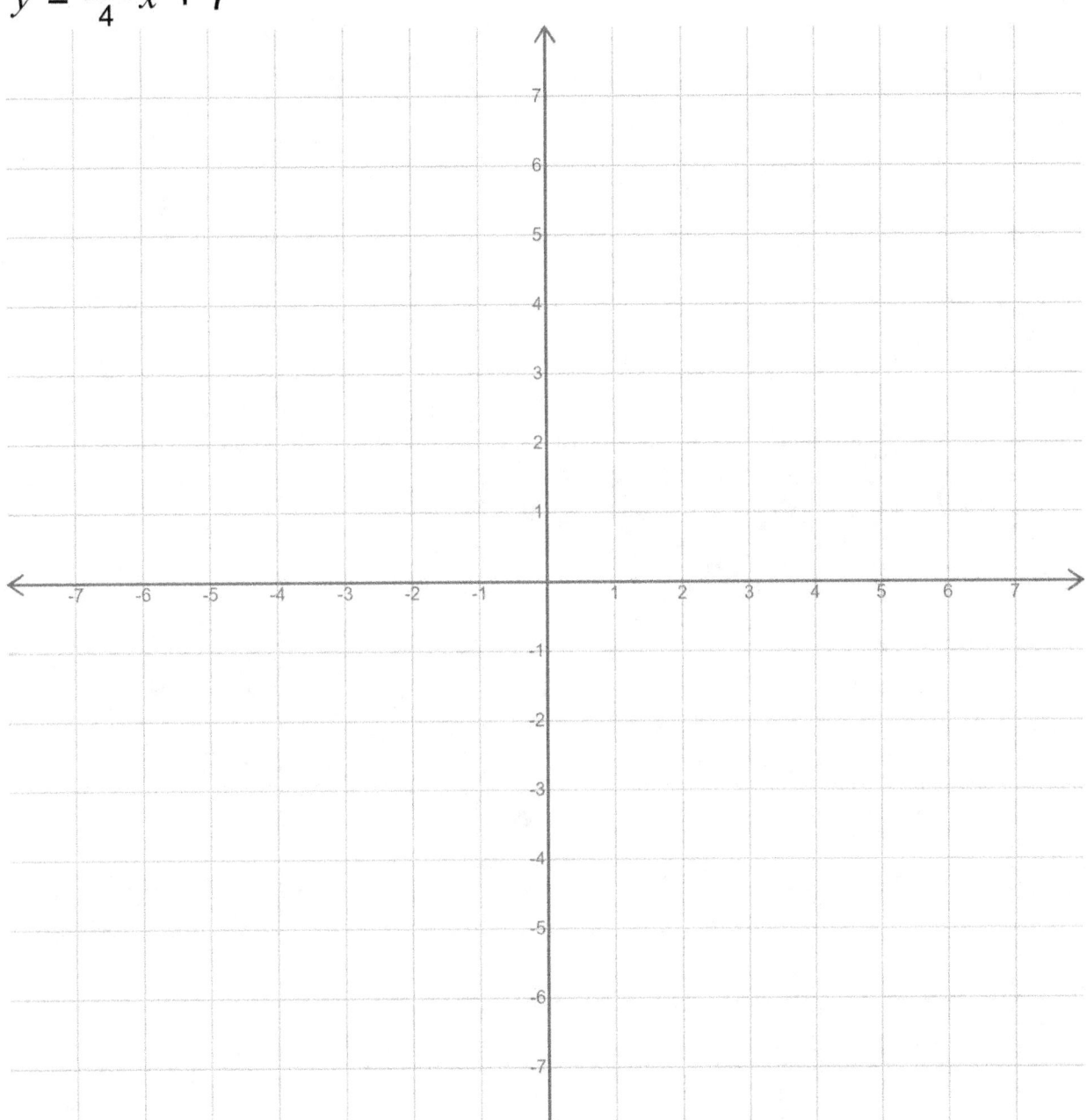

20. $y = \dfrac{-9}{4}x + 4$

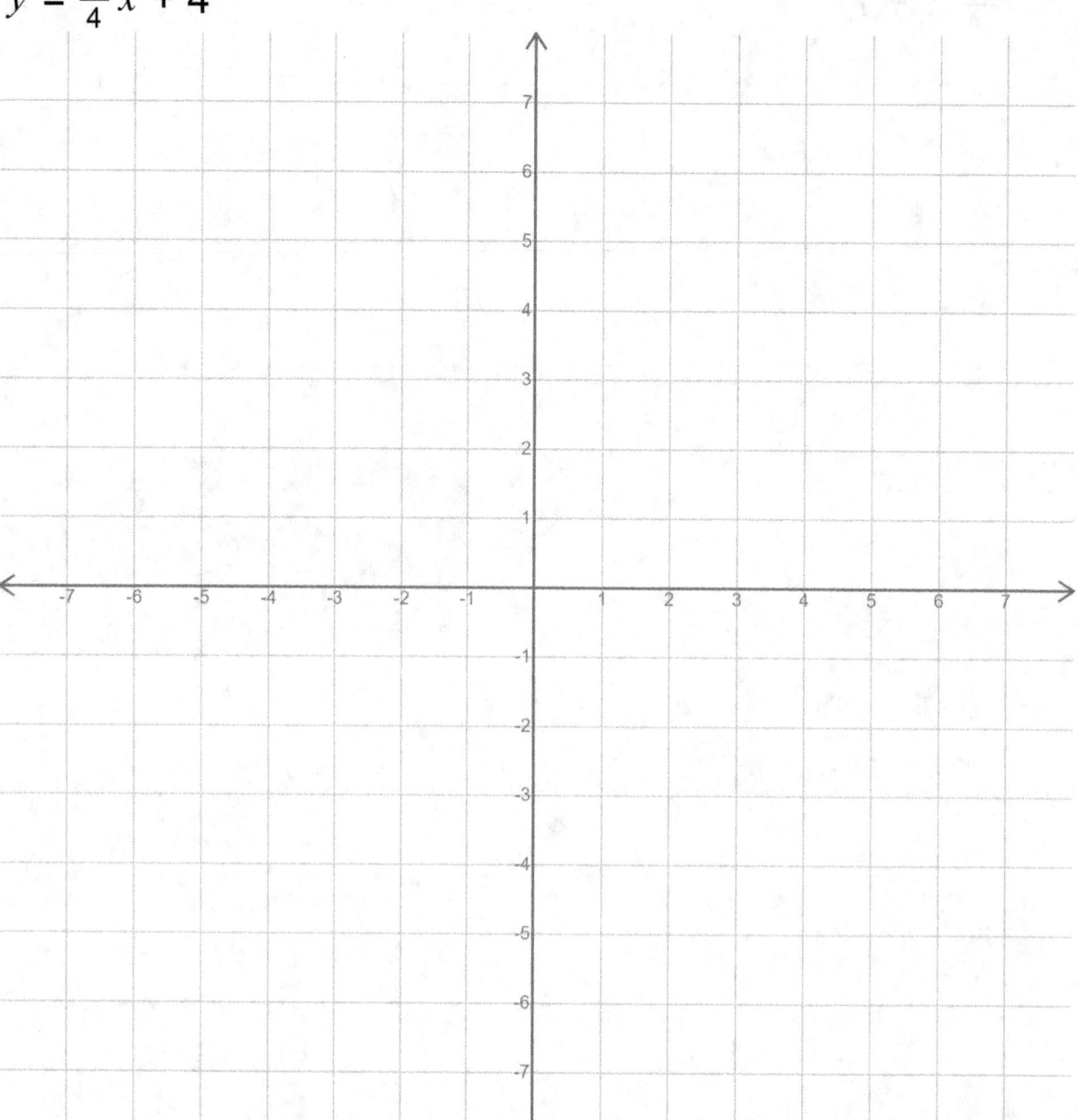

21. $y = \dfrac{-11}{4}x - 4$

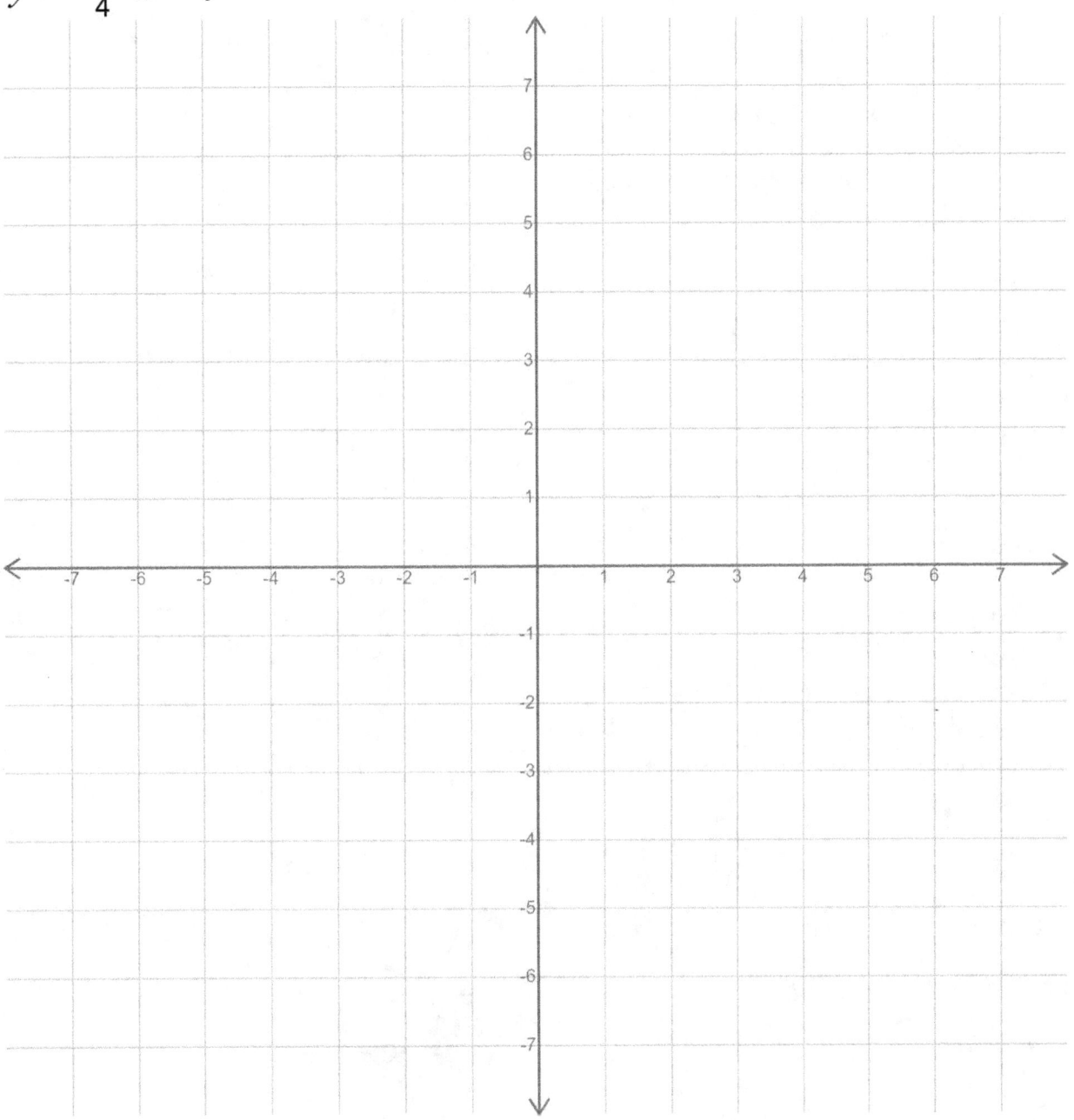

22. $y = \dfrac{-5}{4}x + 3$

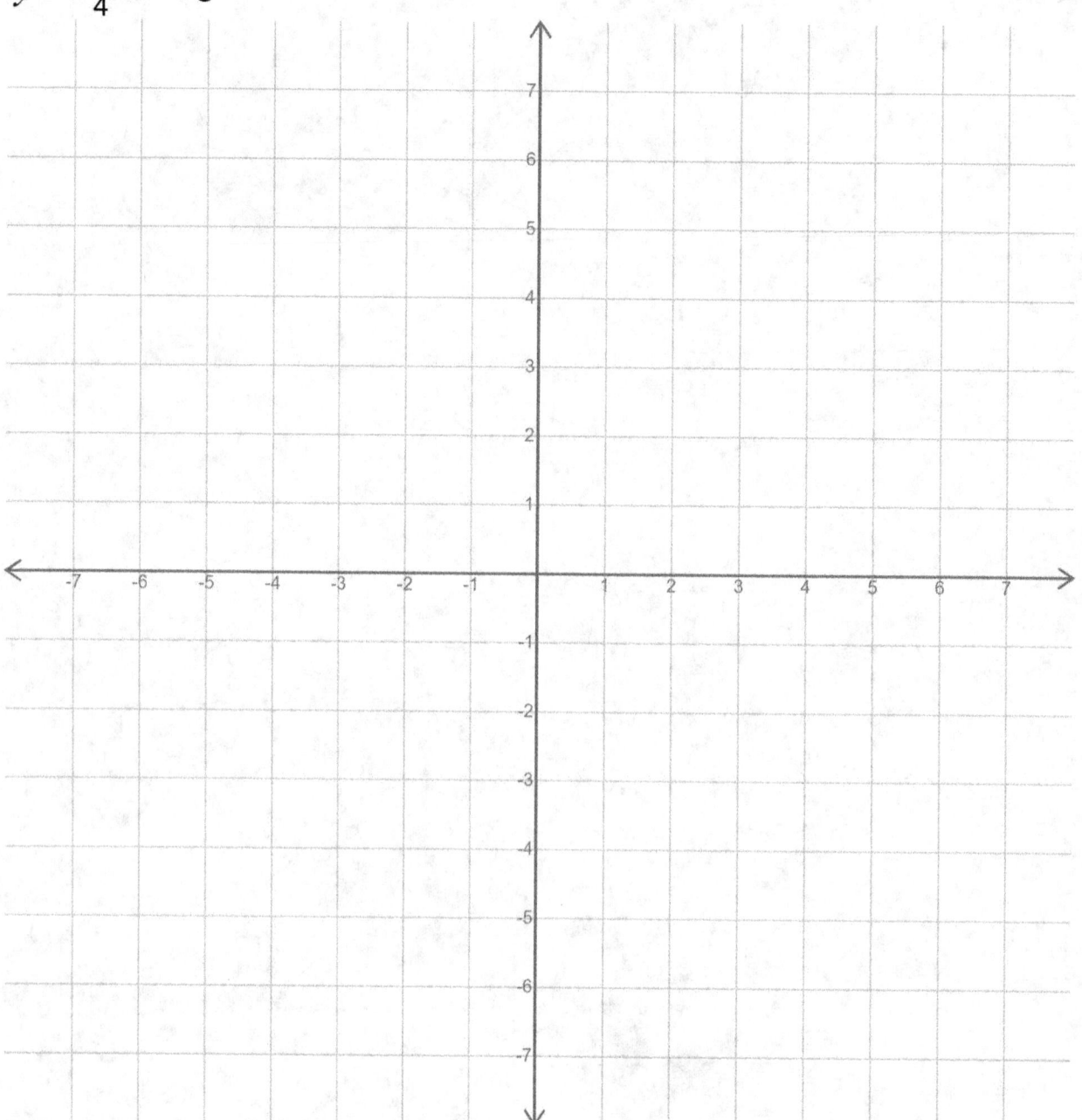

23. $y = \dfrac{-1}{2}x + 5$

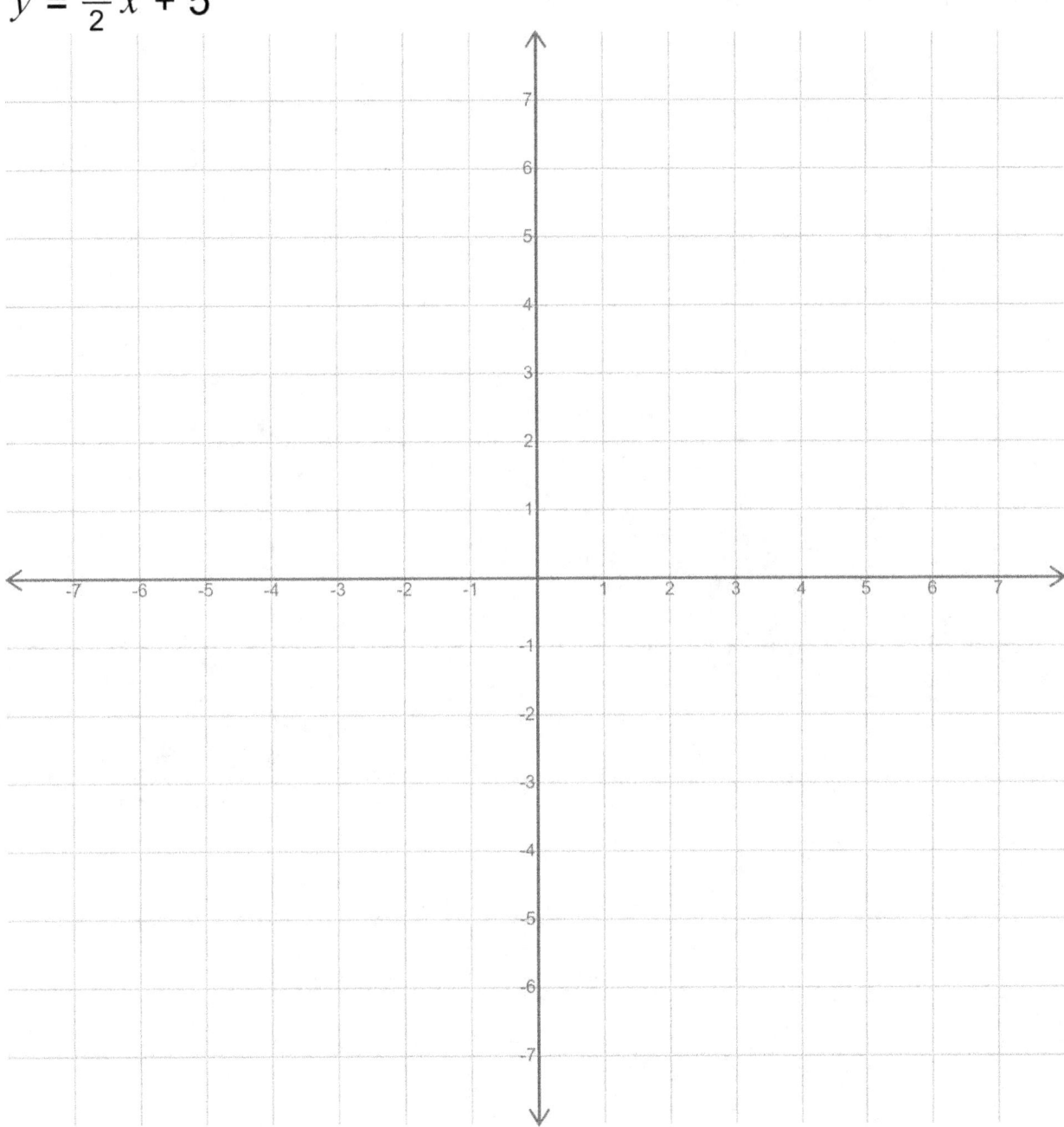

24. $y = \frac{3}{2}x + 6$

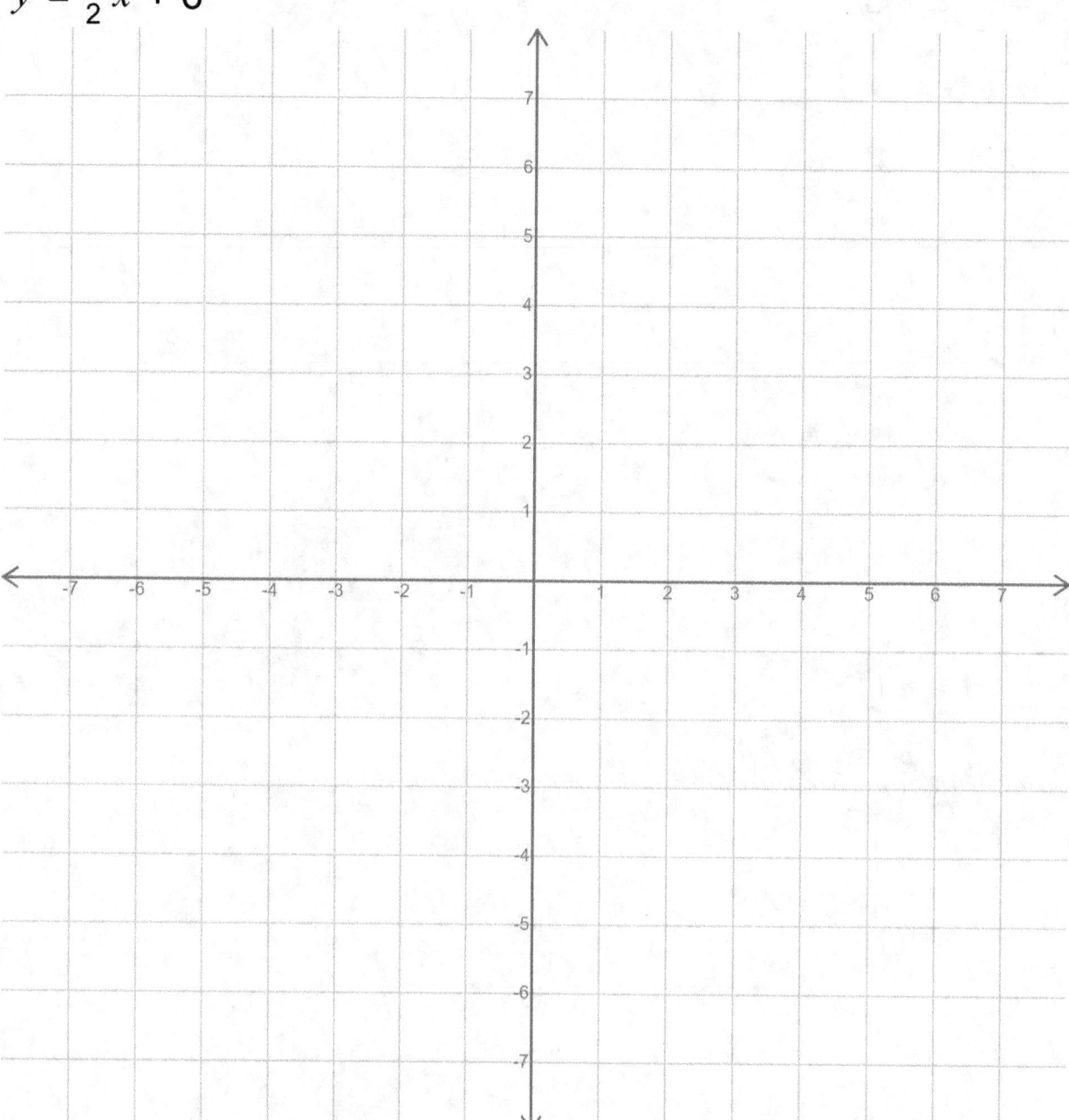

25. $y = \frac{-1}{4}x - 7$

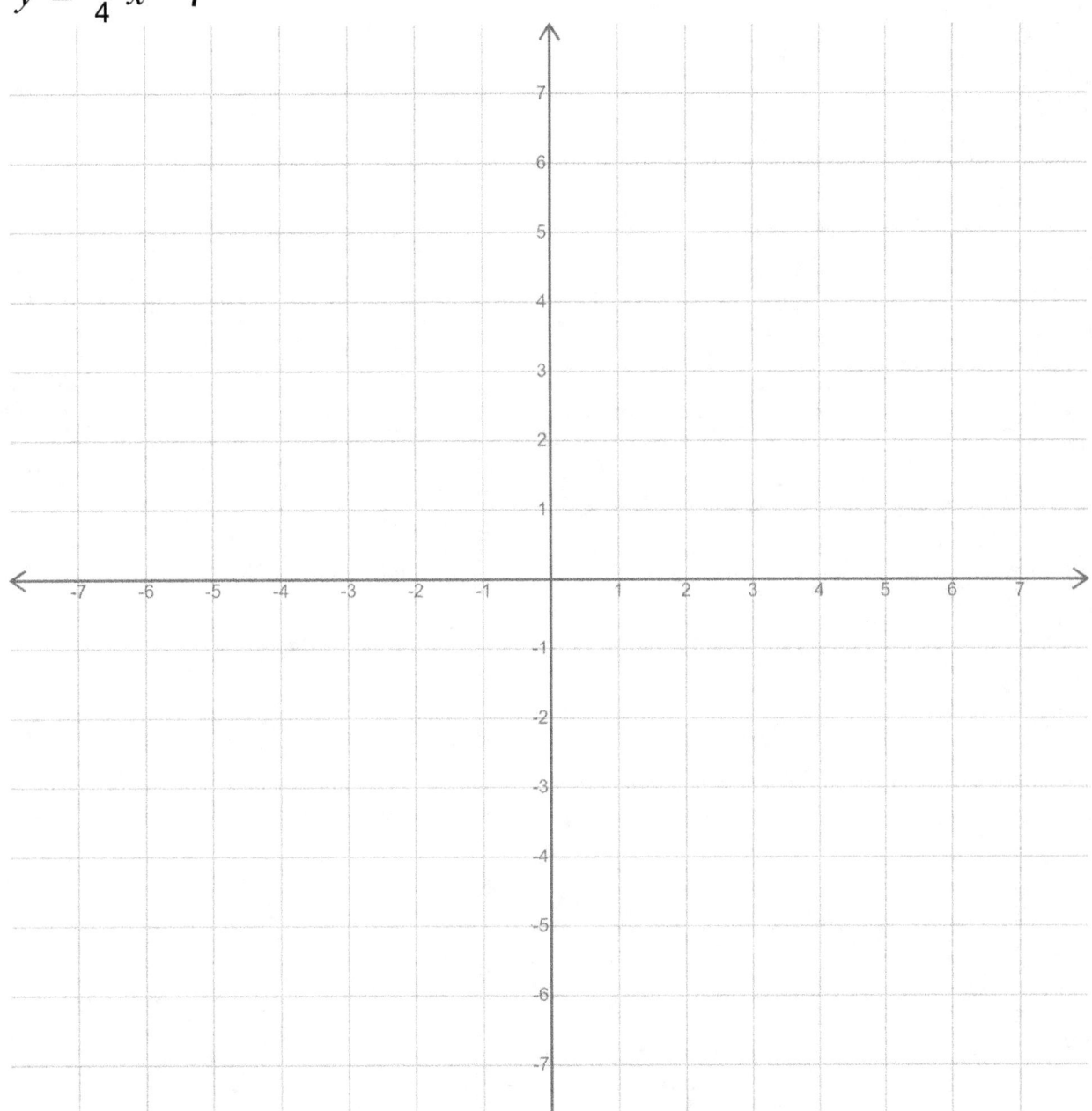

26. $y = \frac{-5}{4}x + 4$

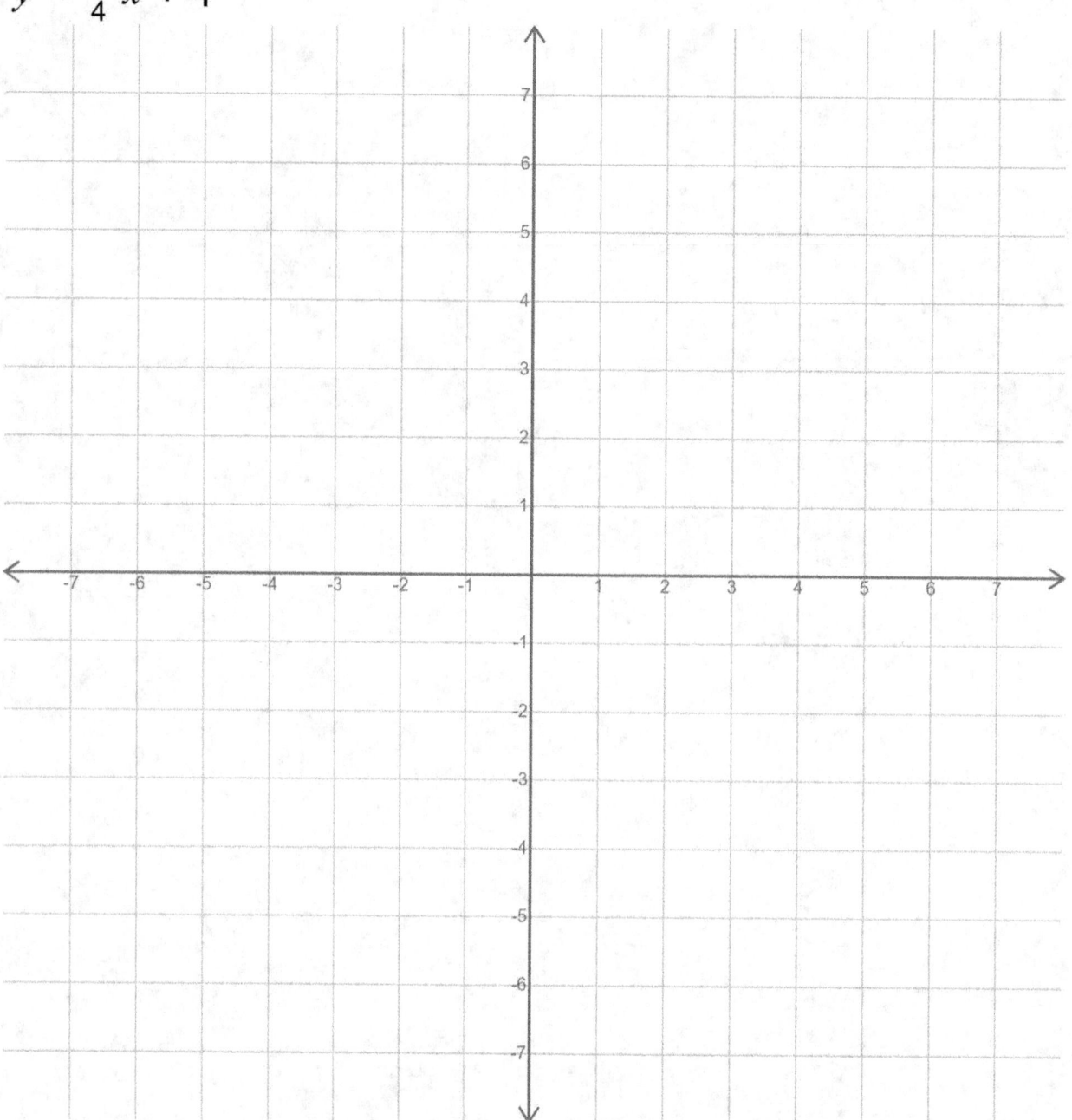

27. $y = \frac{3}{4}x + 6$

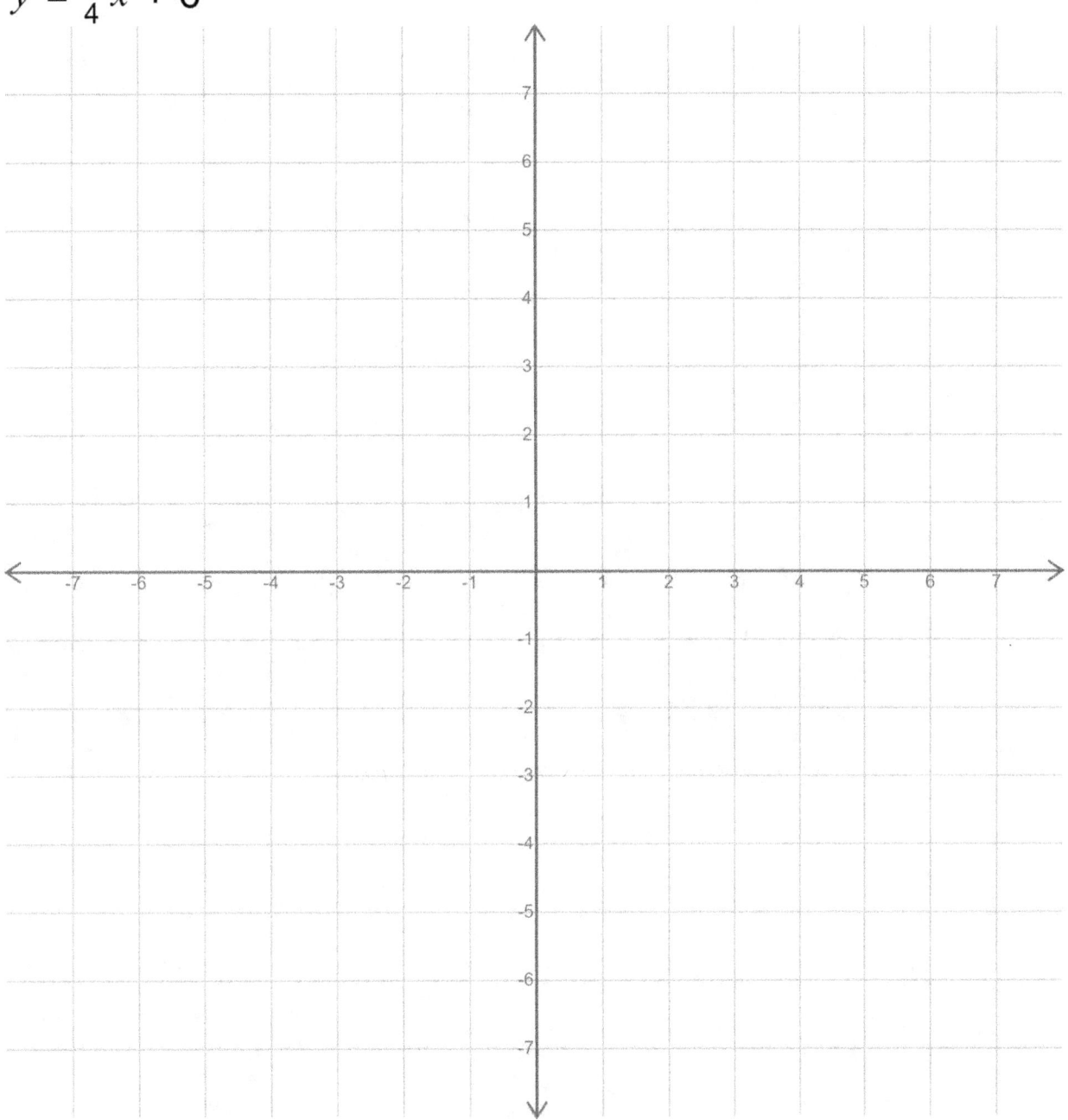

28. $y = \dfrac{-5}{4}x - 1$

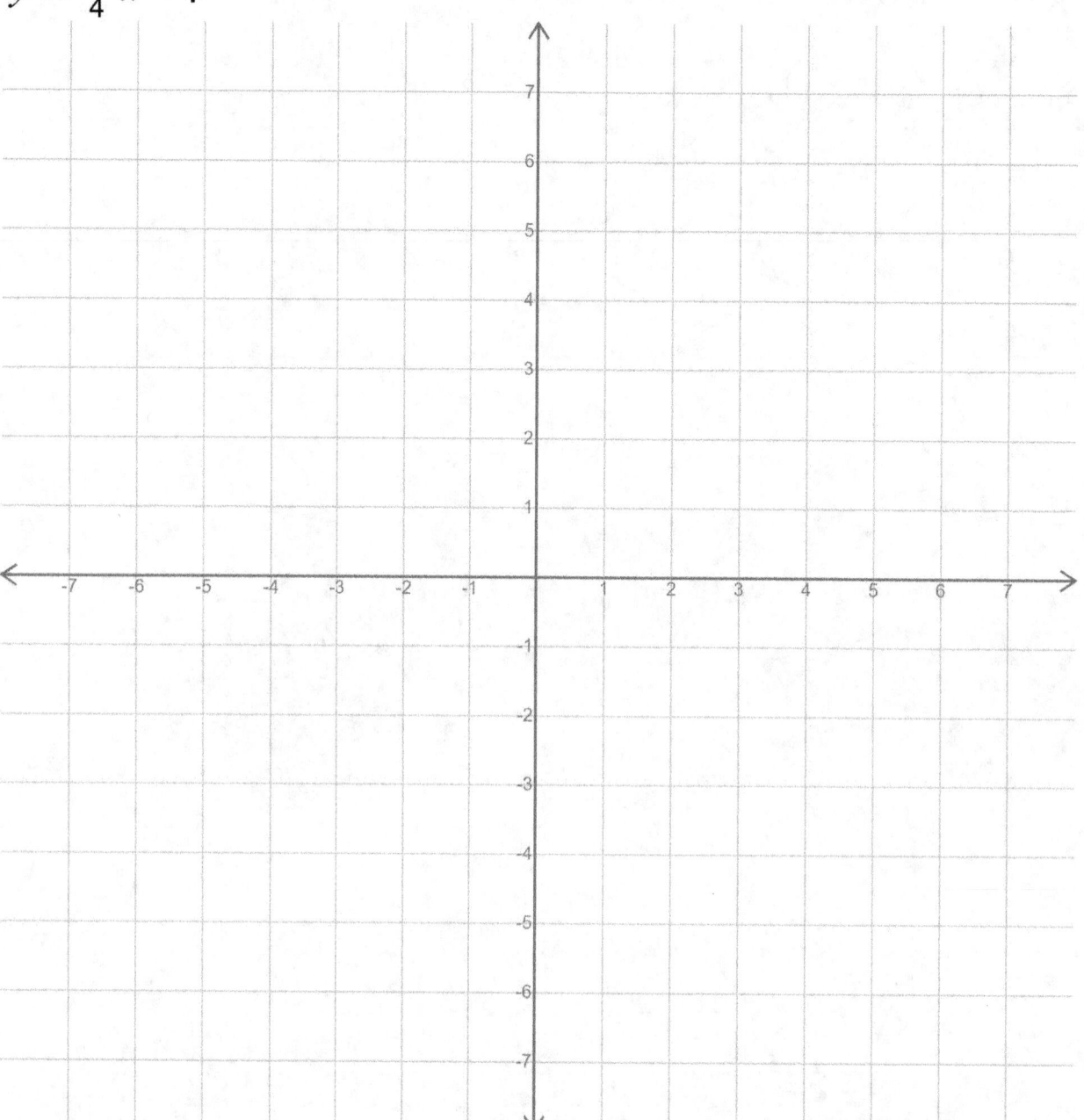

29. $y = \dfrac{-1}{4}x + 1$

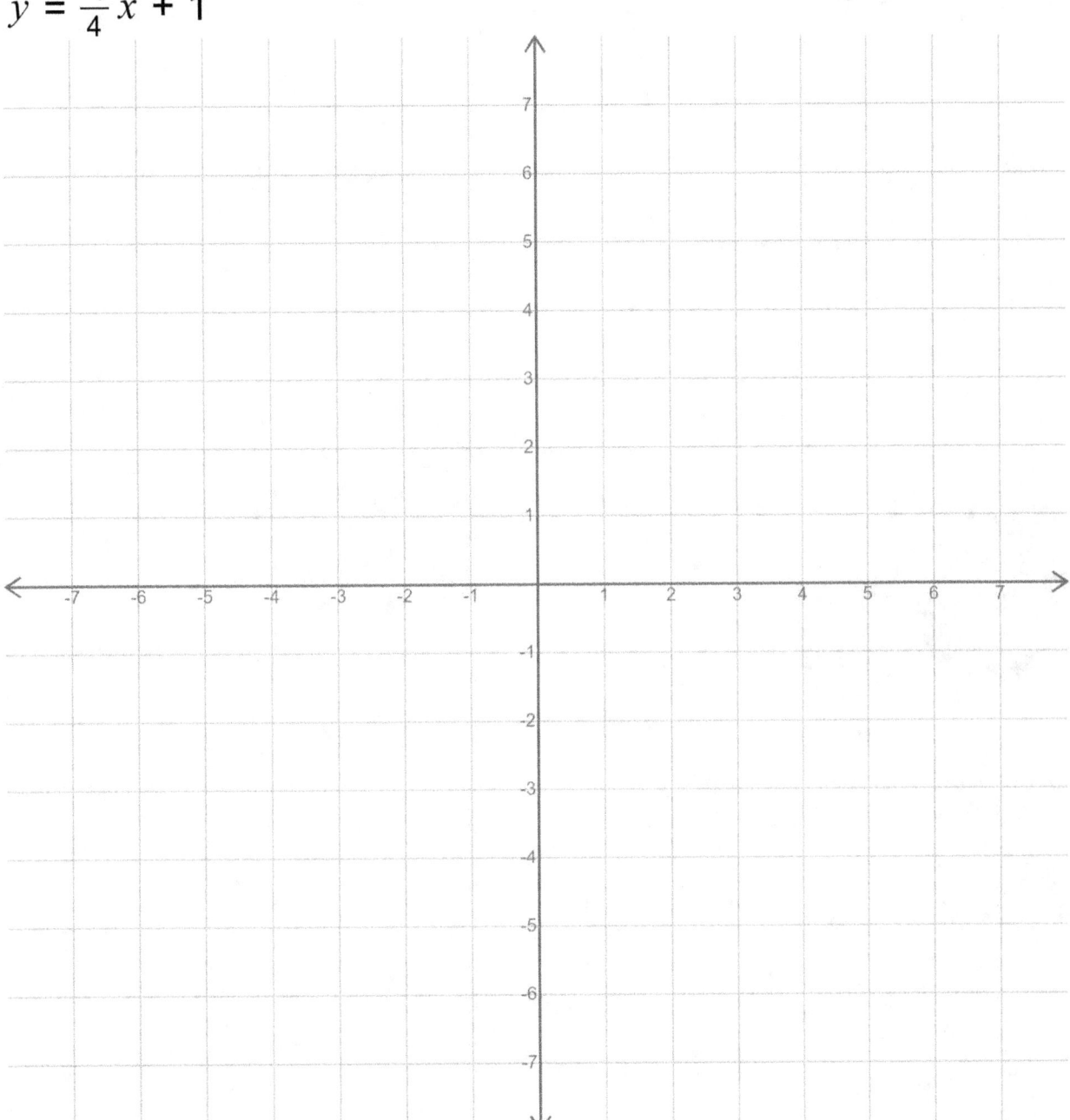

30. $y = \dfrac{-11}{4}x + 5$

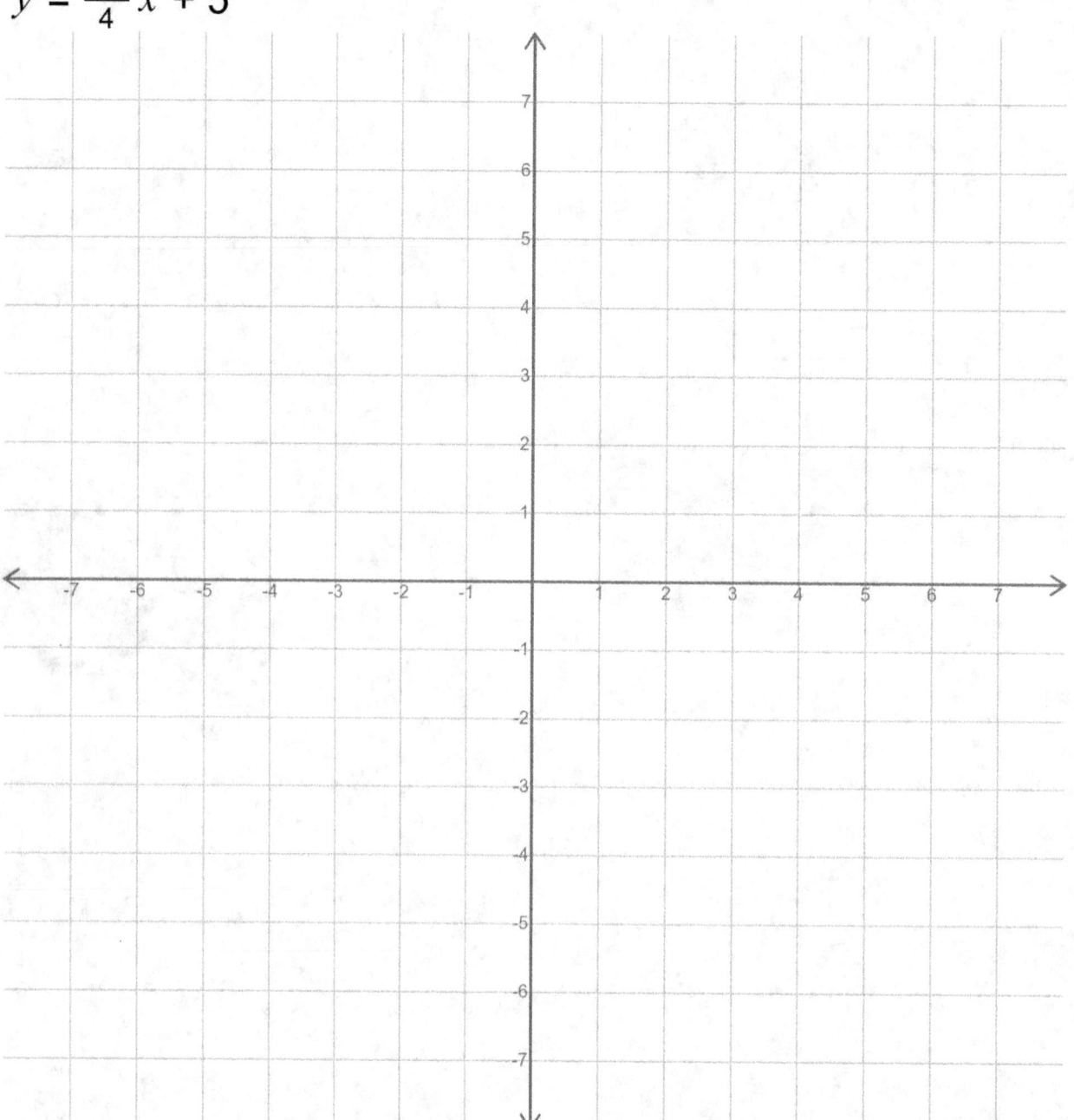

31. $y = \frac{7}{4}x - 6$

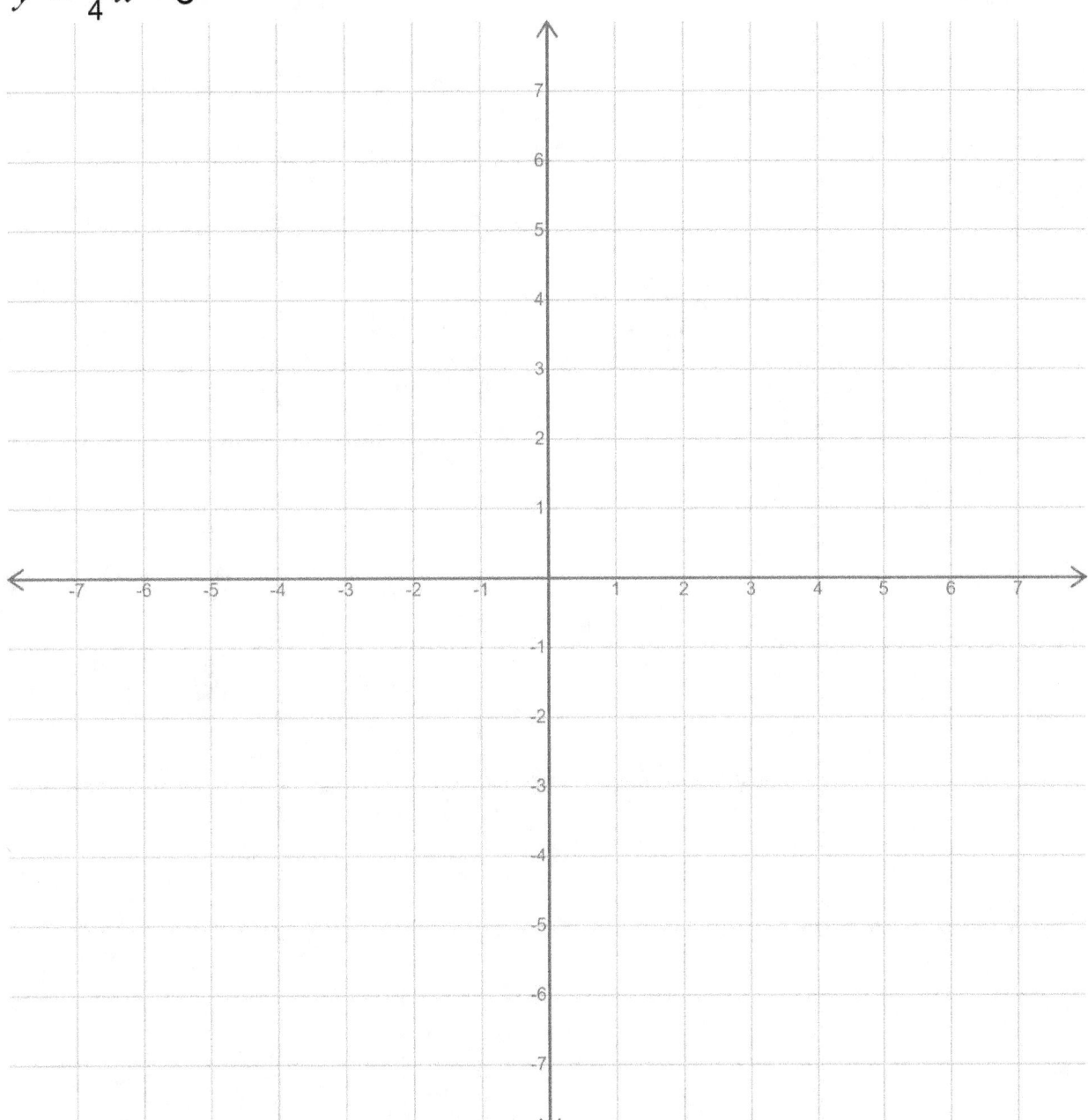

32. $y = \frac{-3}{4}x - 6$

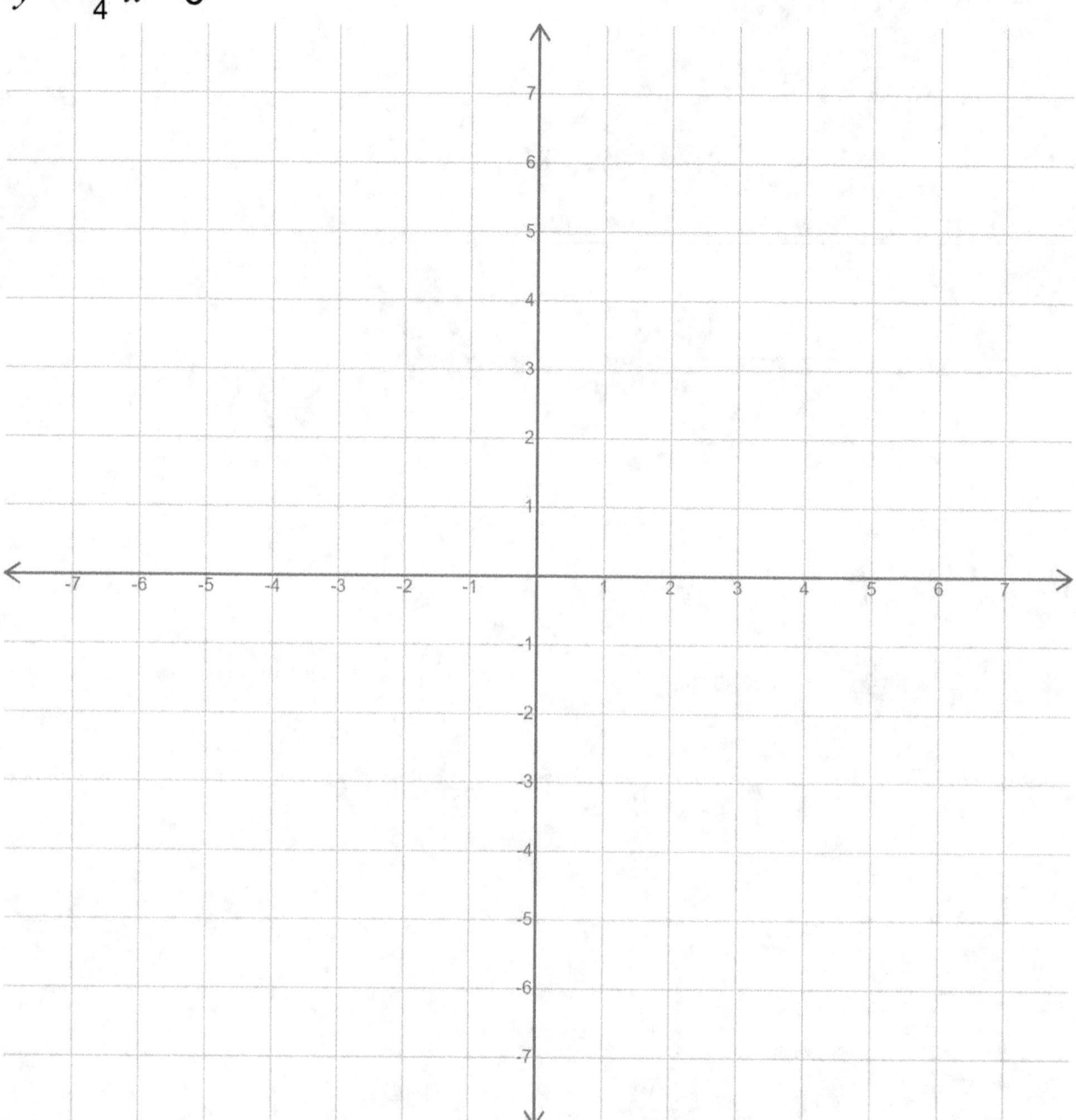

33. $y = \frac{7}{4}x - 3$

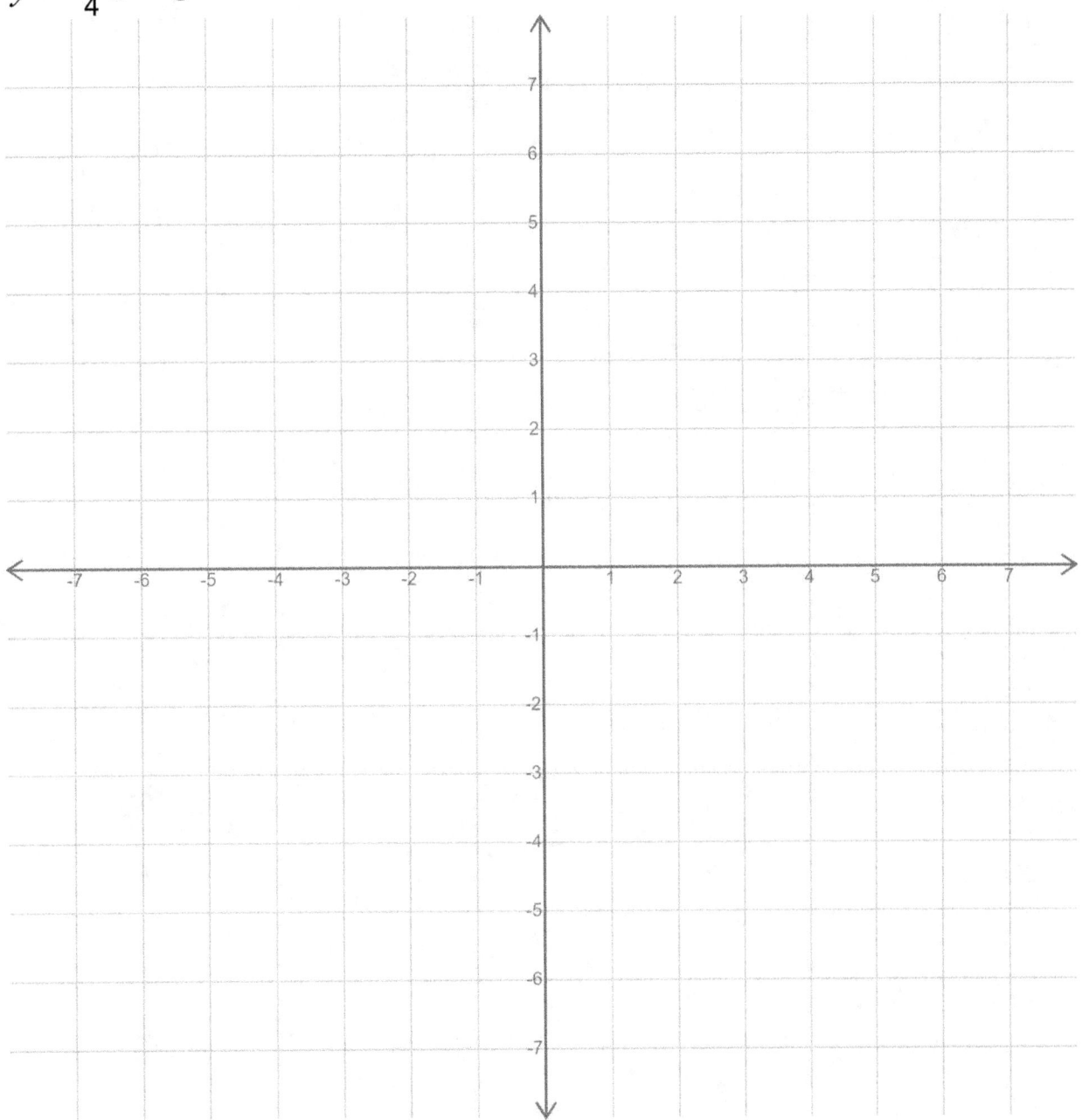

34. $y = \dfrac{-9}{4}x$

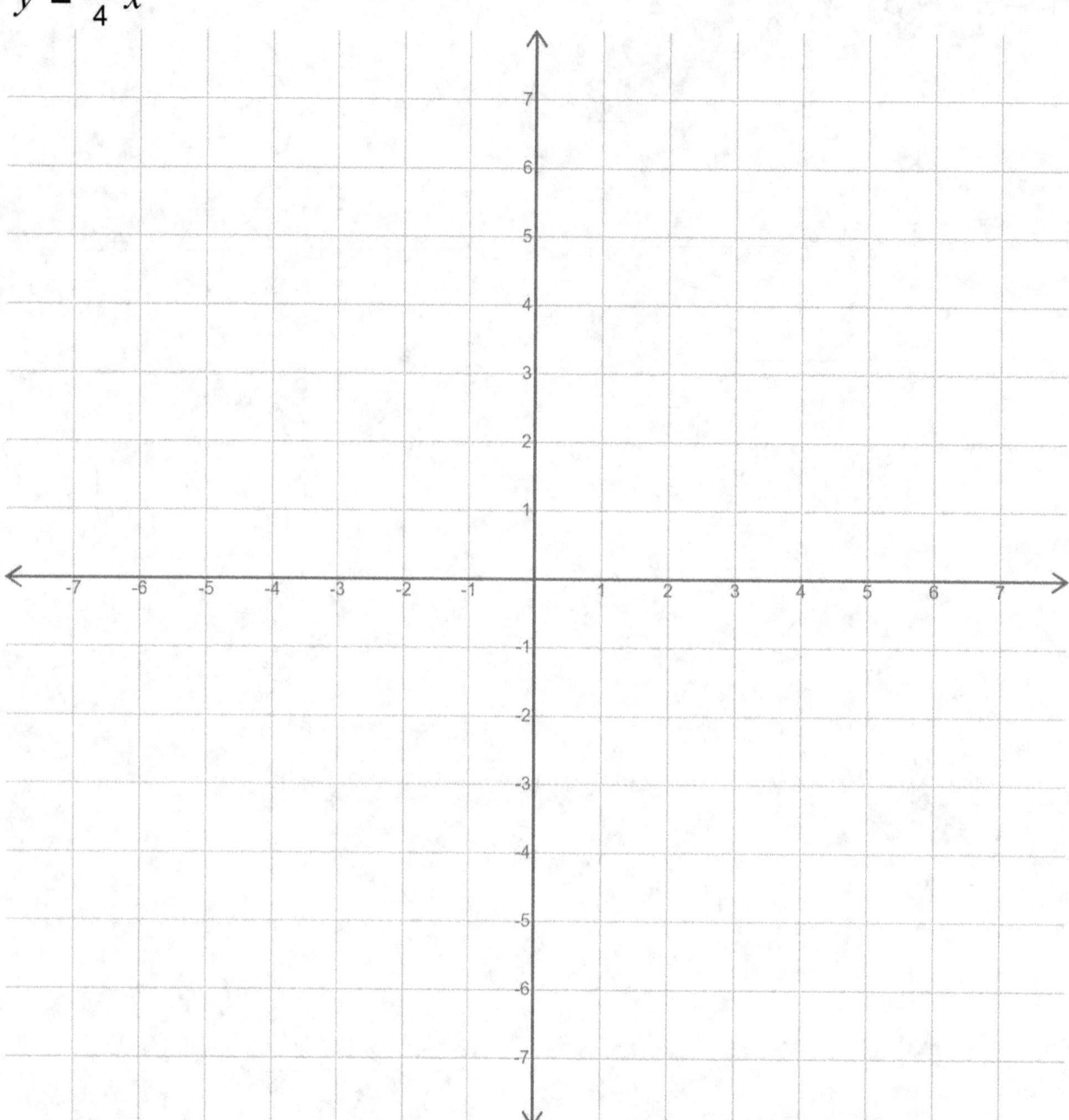

35. $y = \frac{1}{4}x$

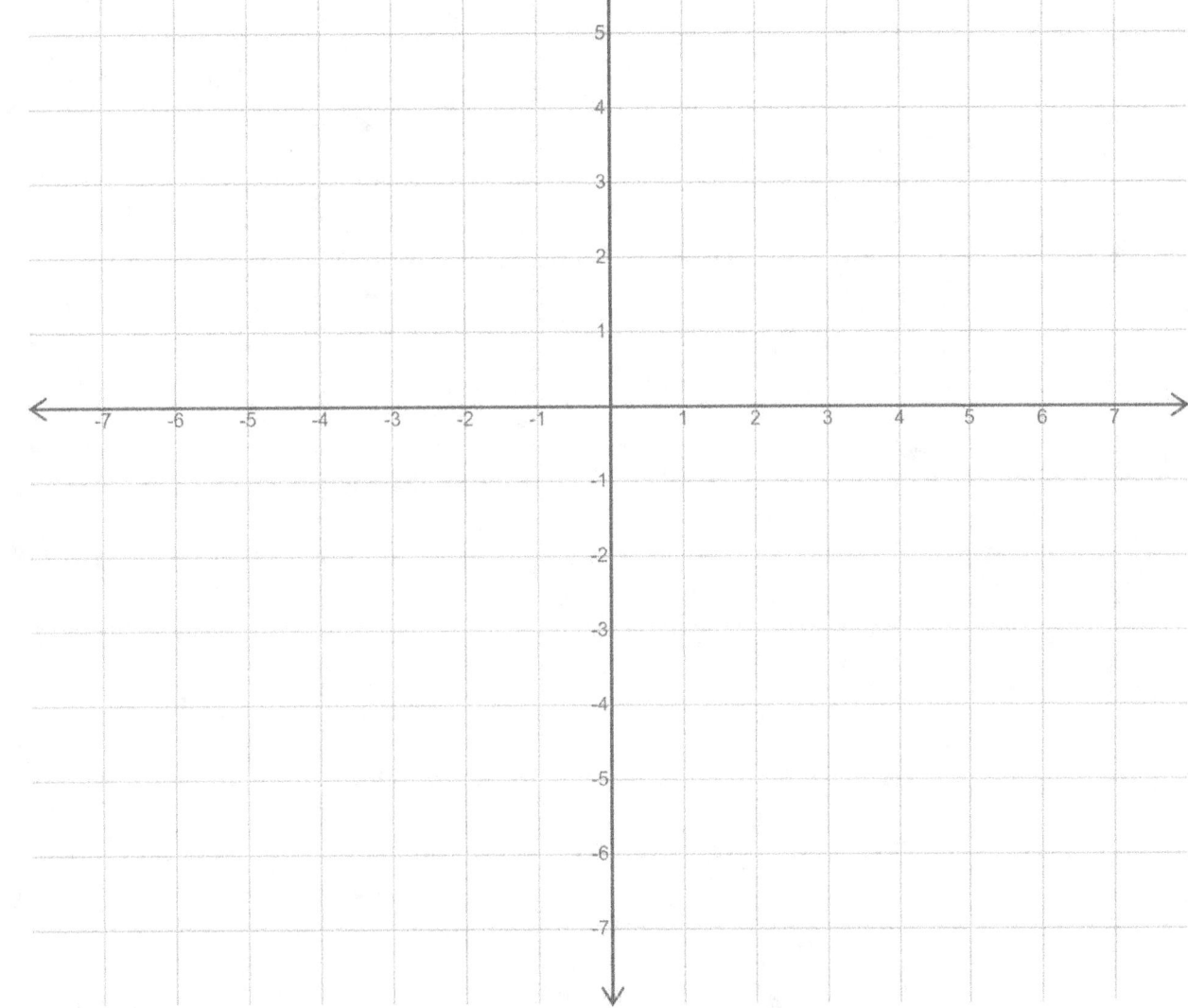

36. $y = -3x + 4$

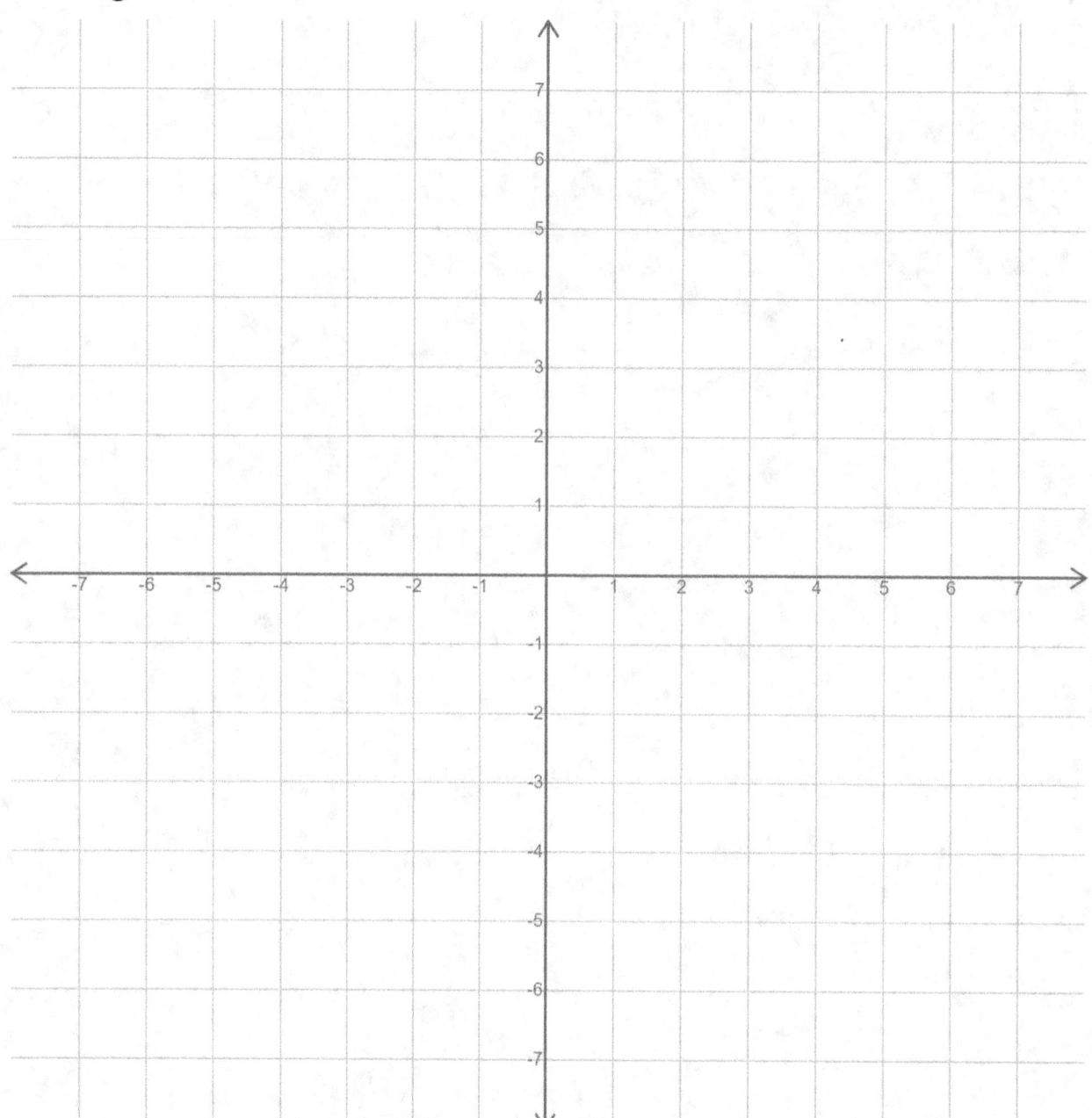

37. $y = \frac{1}{2}x - 1$

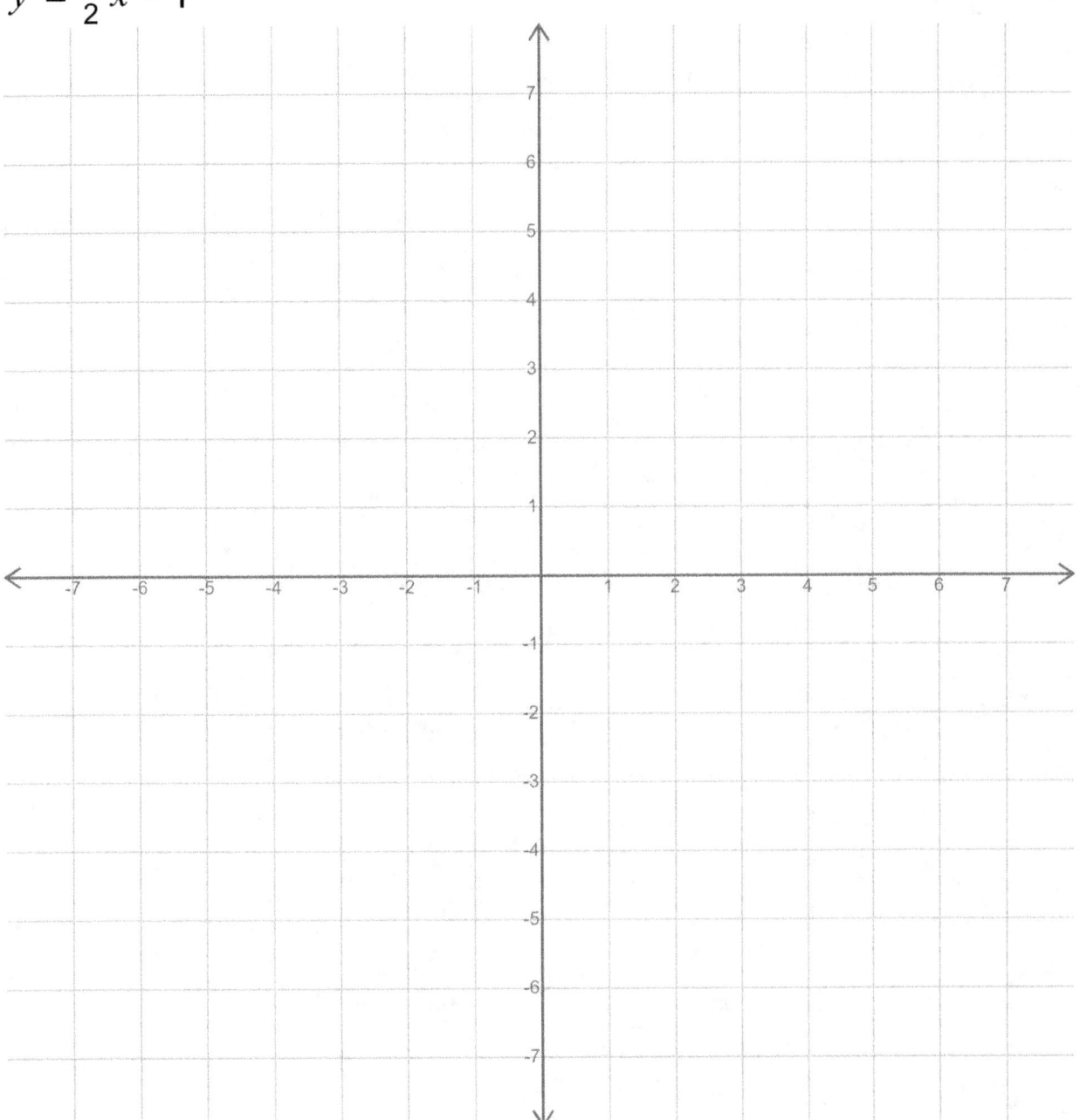

38. $y = \dfrac{11}{4}x - 5$

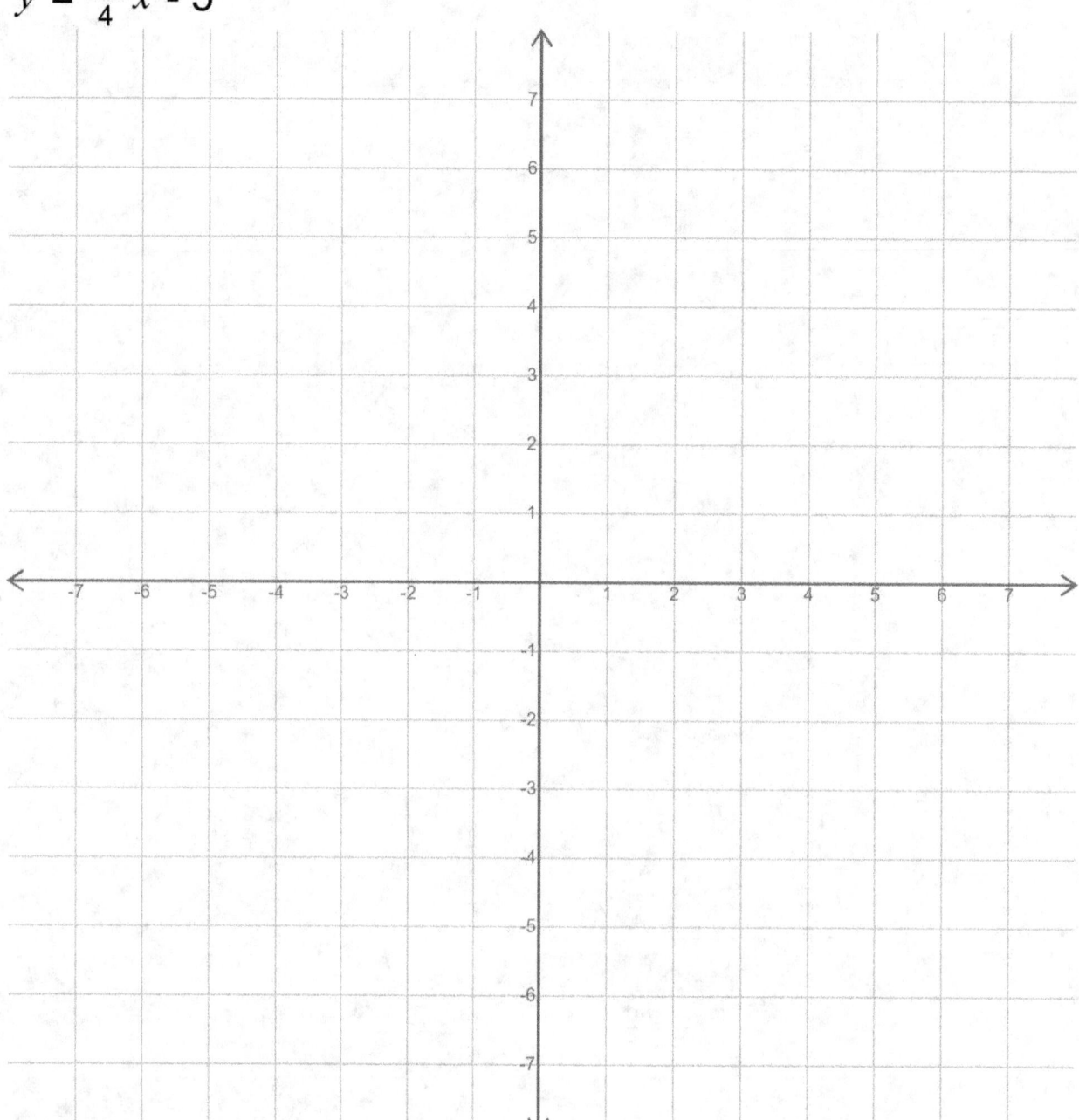

39. $y = \frac{1}{4}x + 2$

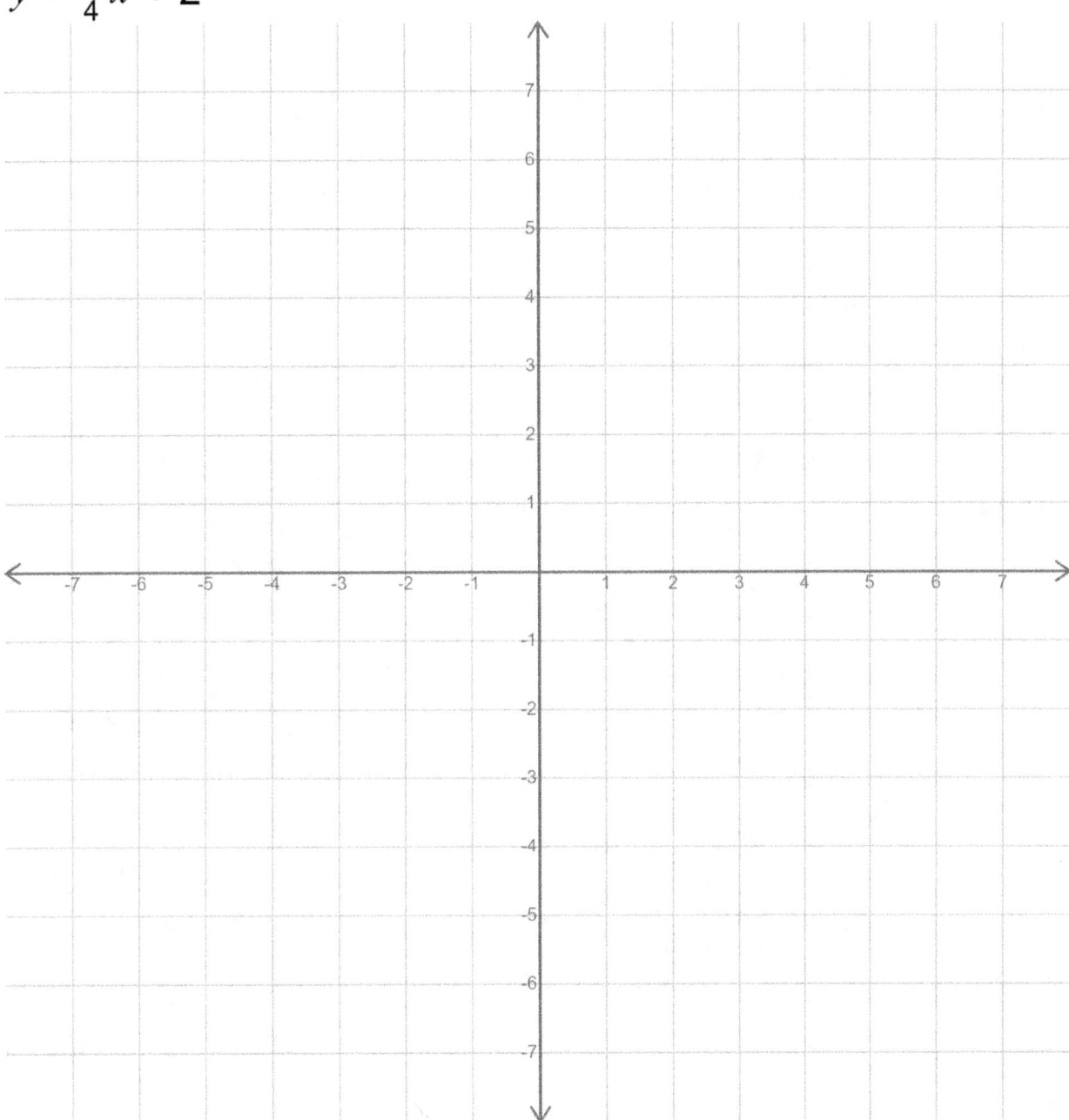

40. $y = -3x - 2$

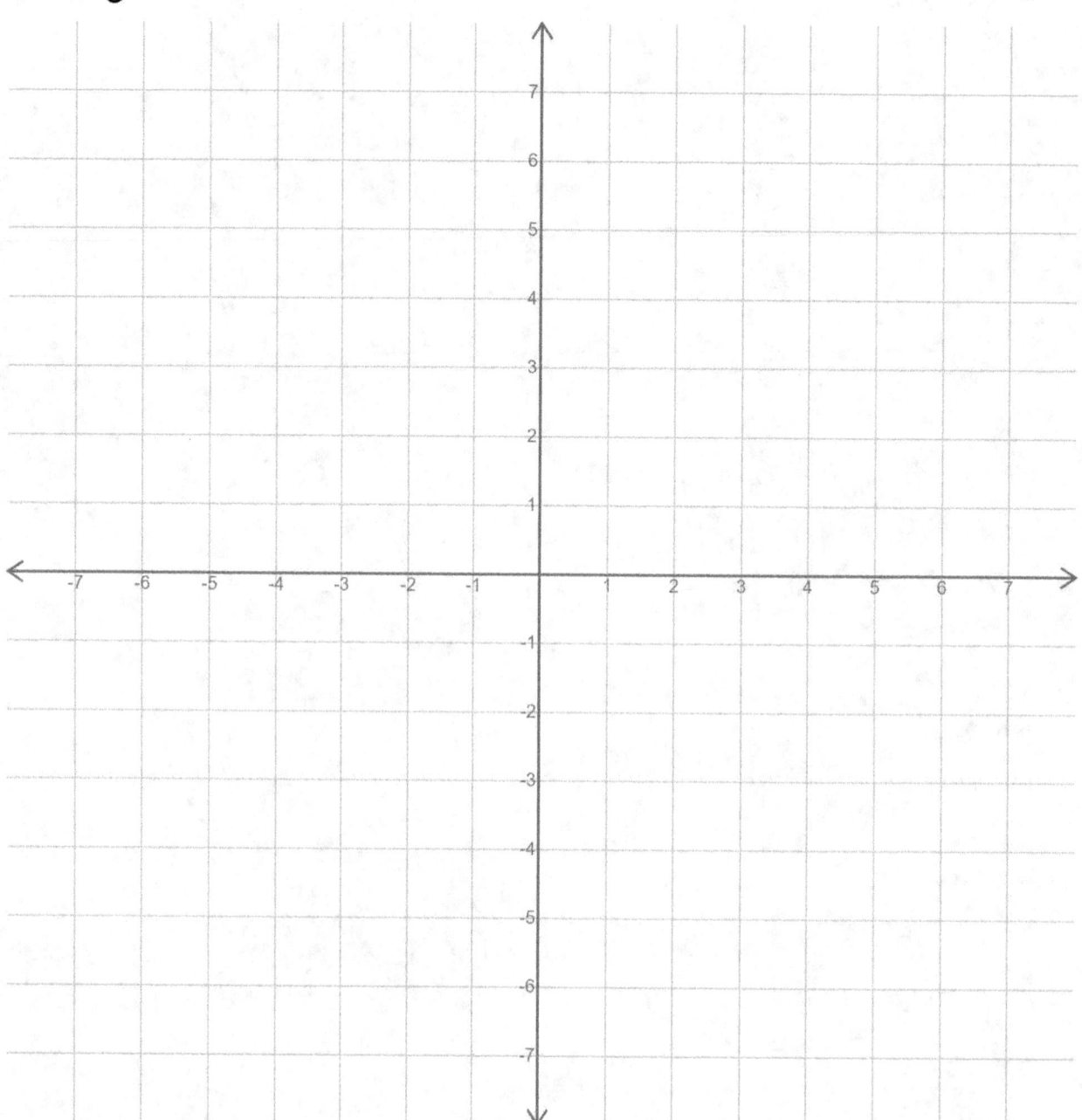

41. $y = \frac{3}{2}x$

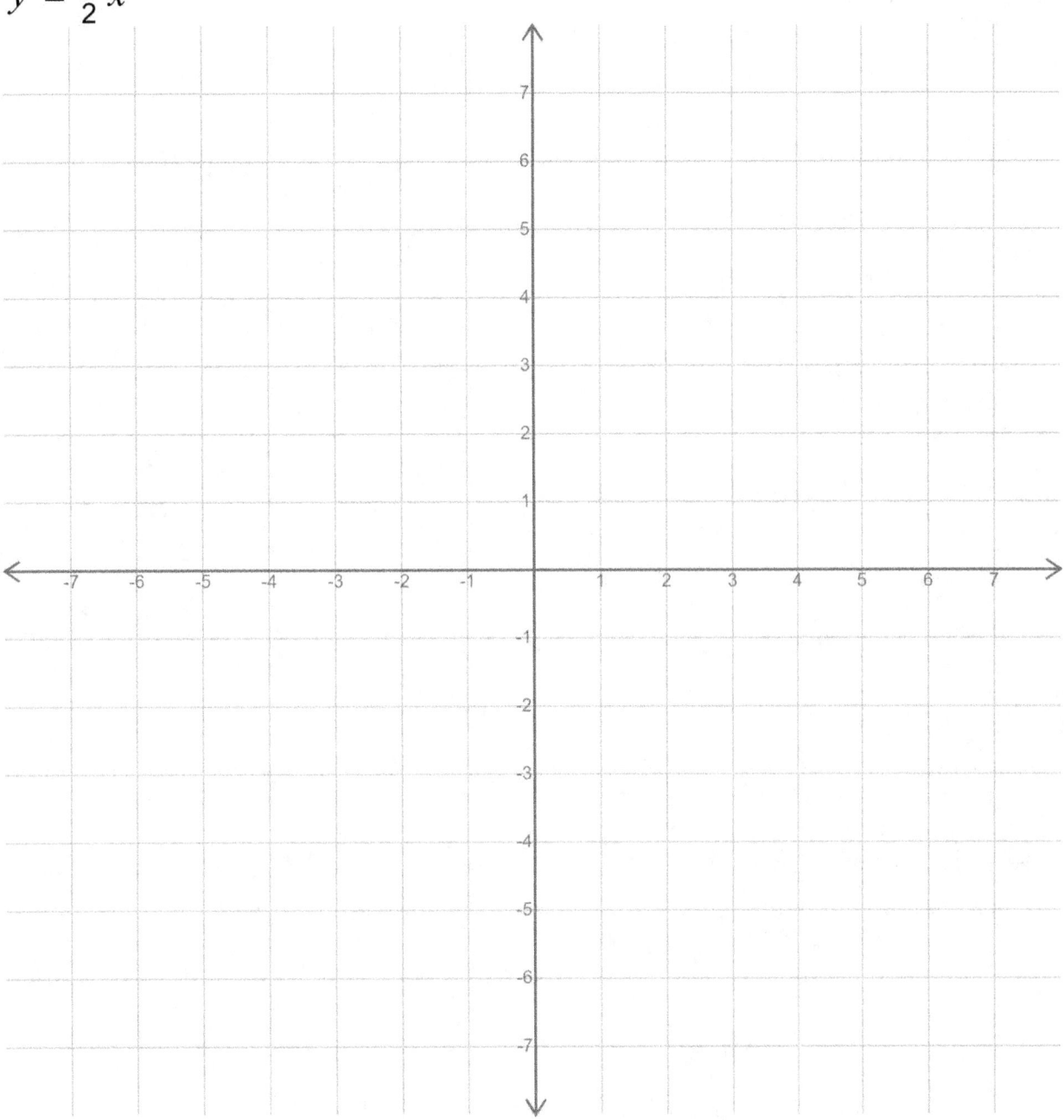

42. $y = \frac{5}{2}x - 2$

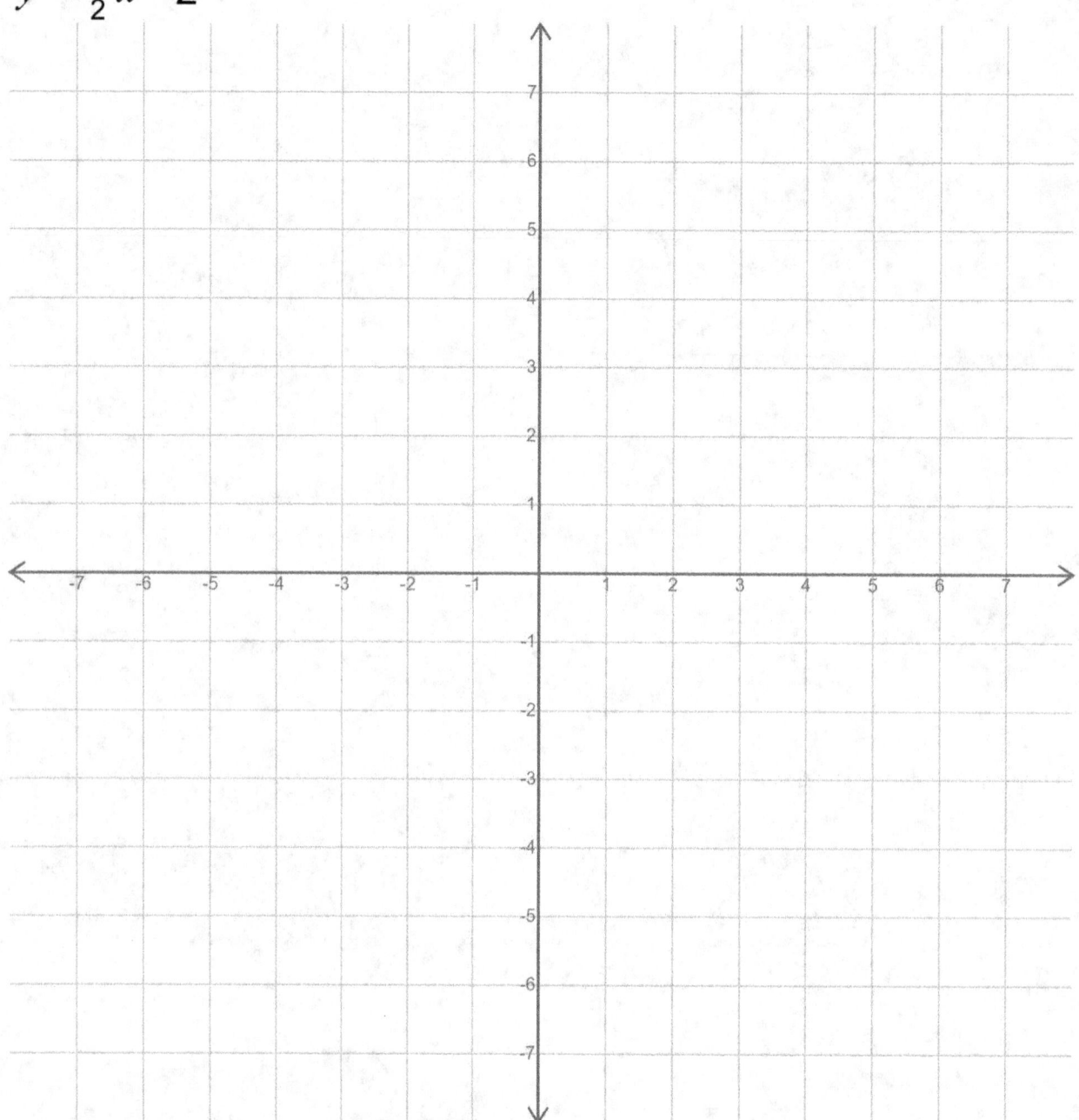

43. $y = \frac{3}{2}x - 5$

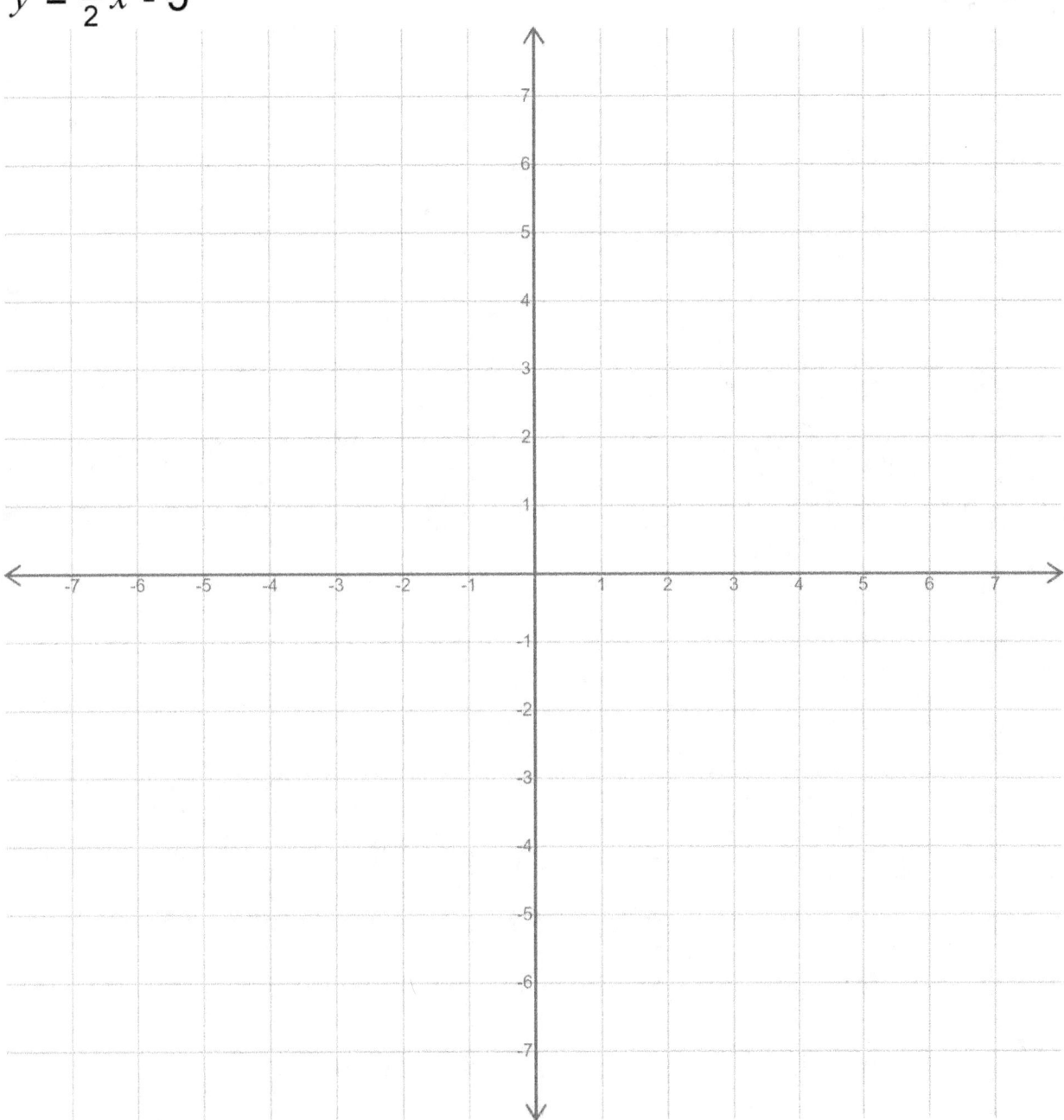

44. $y = \frac{1}{2}x - 7$

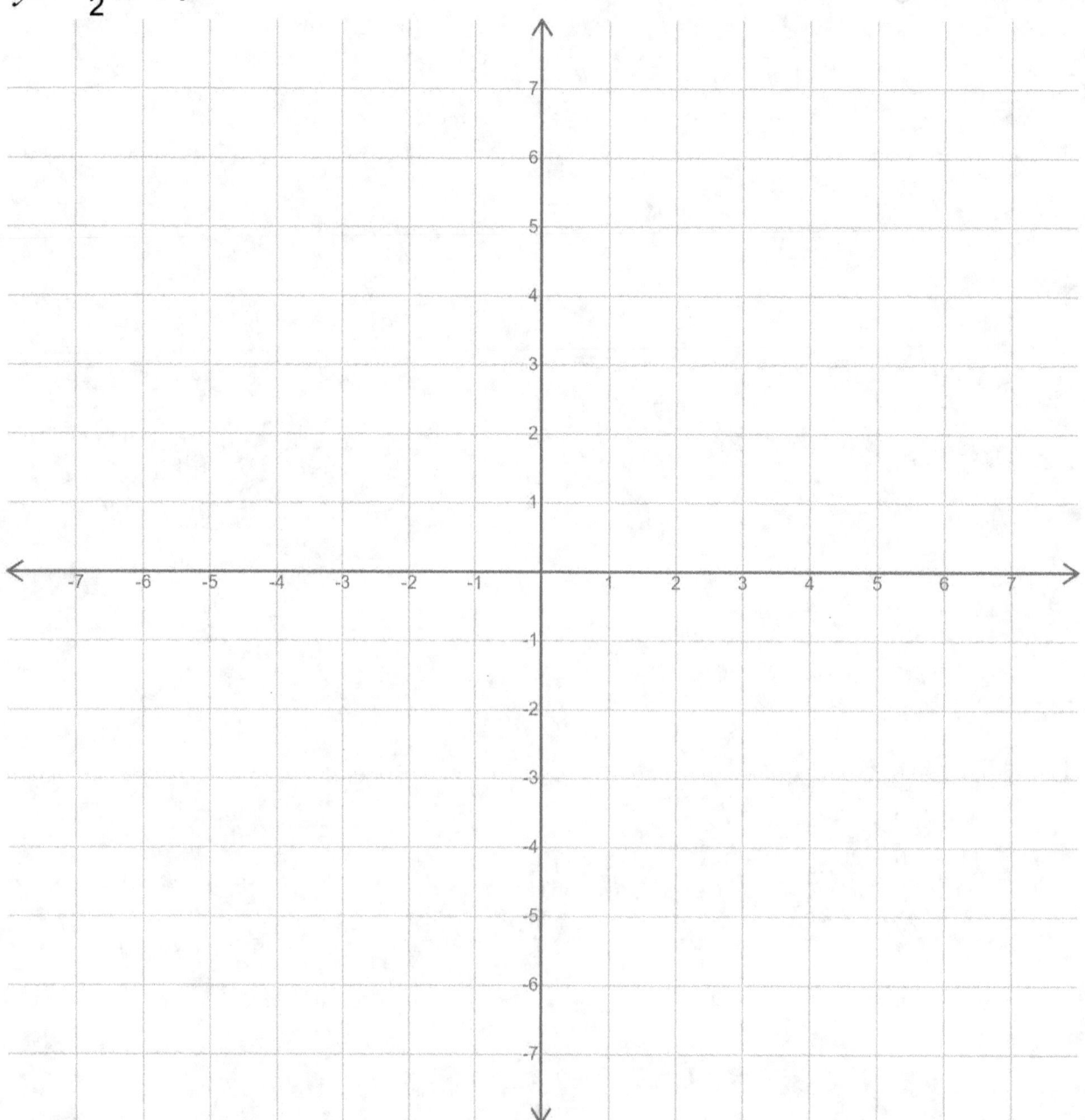

45. $y = \dfrac{-3}{2}x$

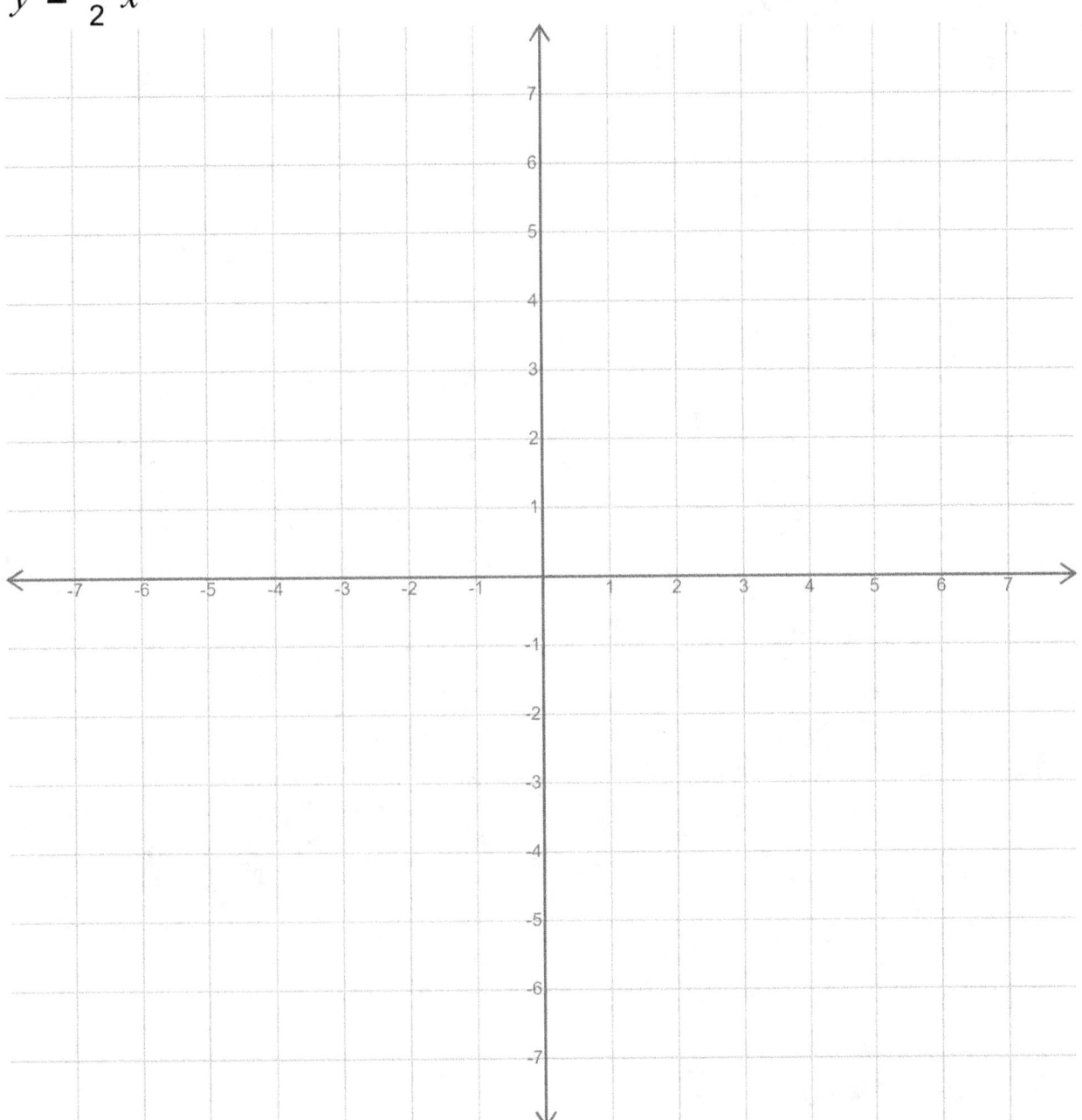

46. $y = \frac{11}{4}x - 3$

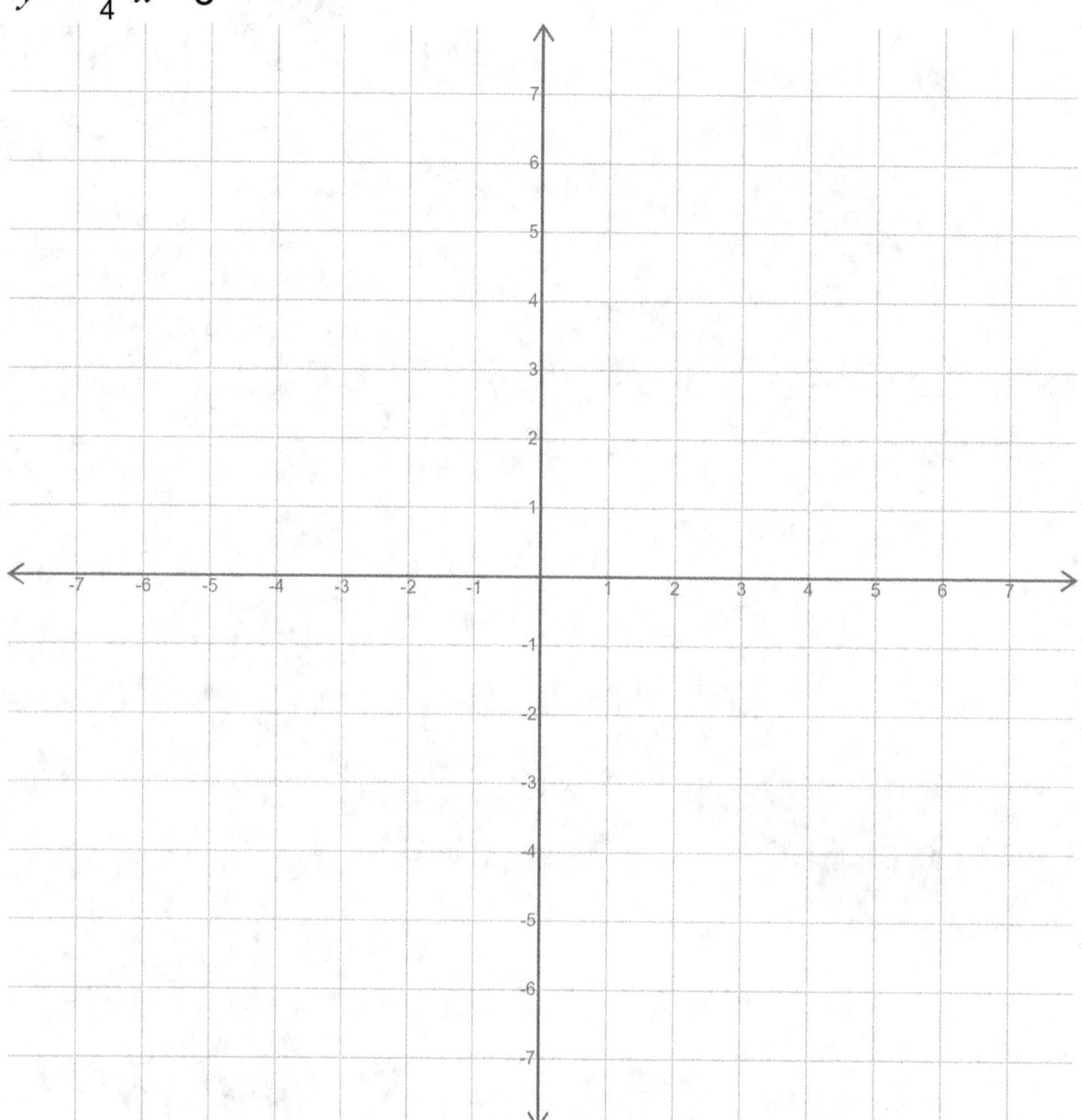

47. $y = -3x + 7$

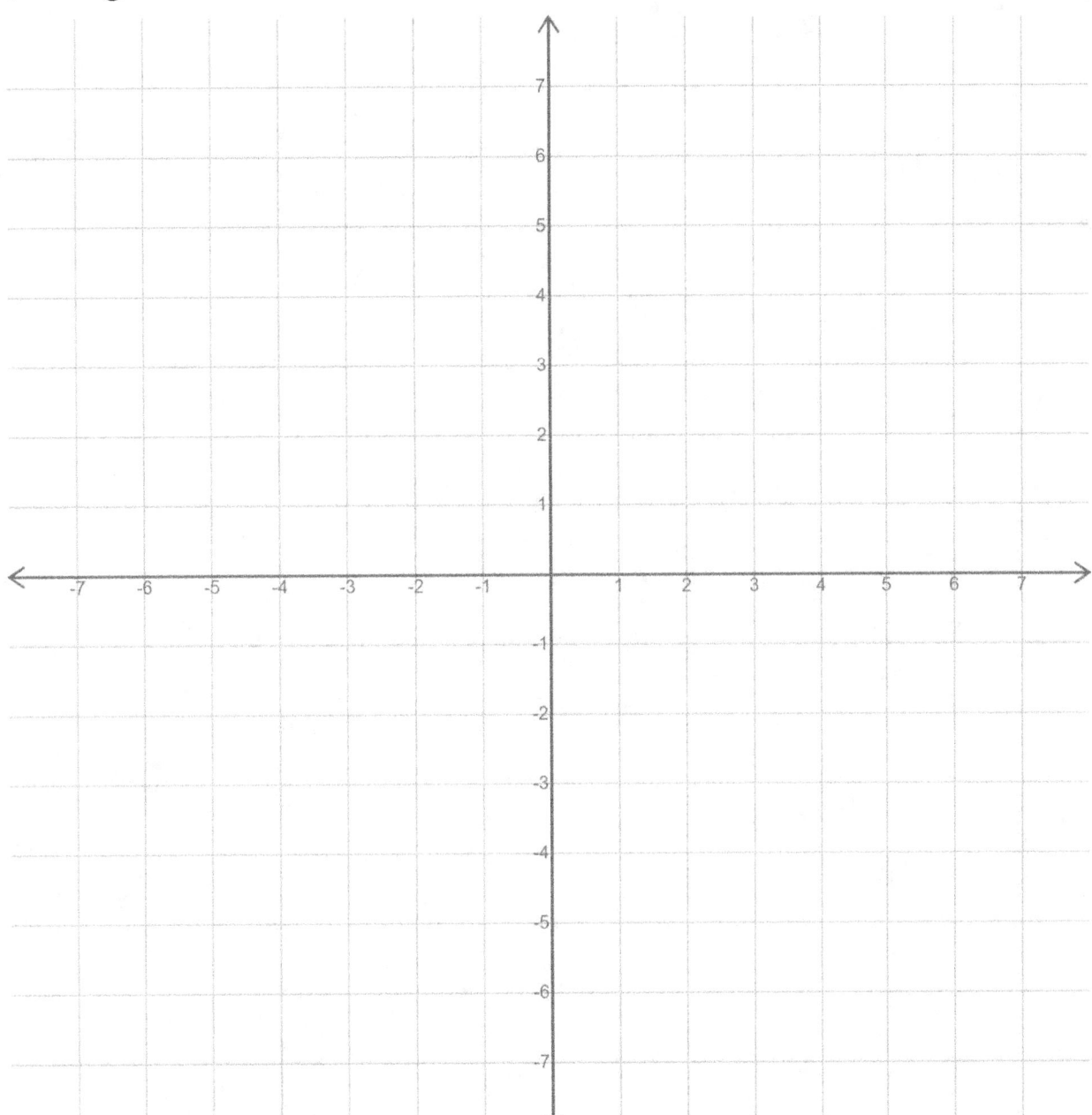

48. $y = \frac{5}{2}x - 5$

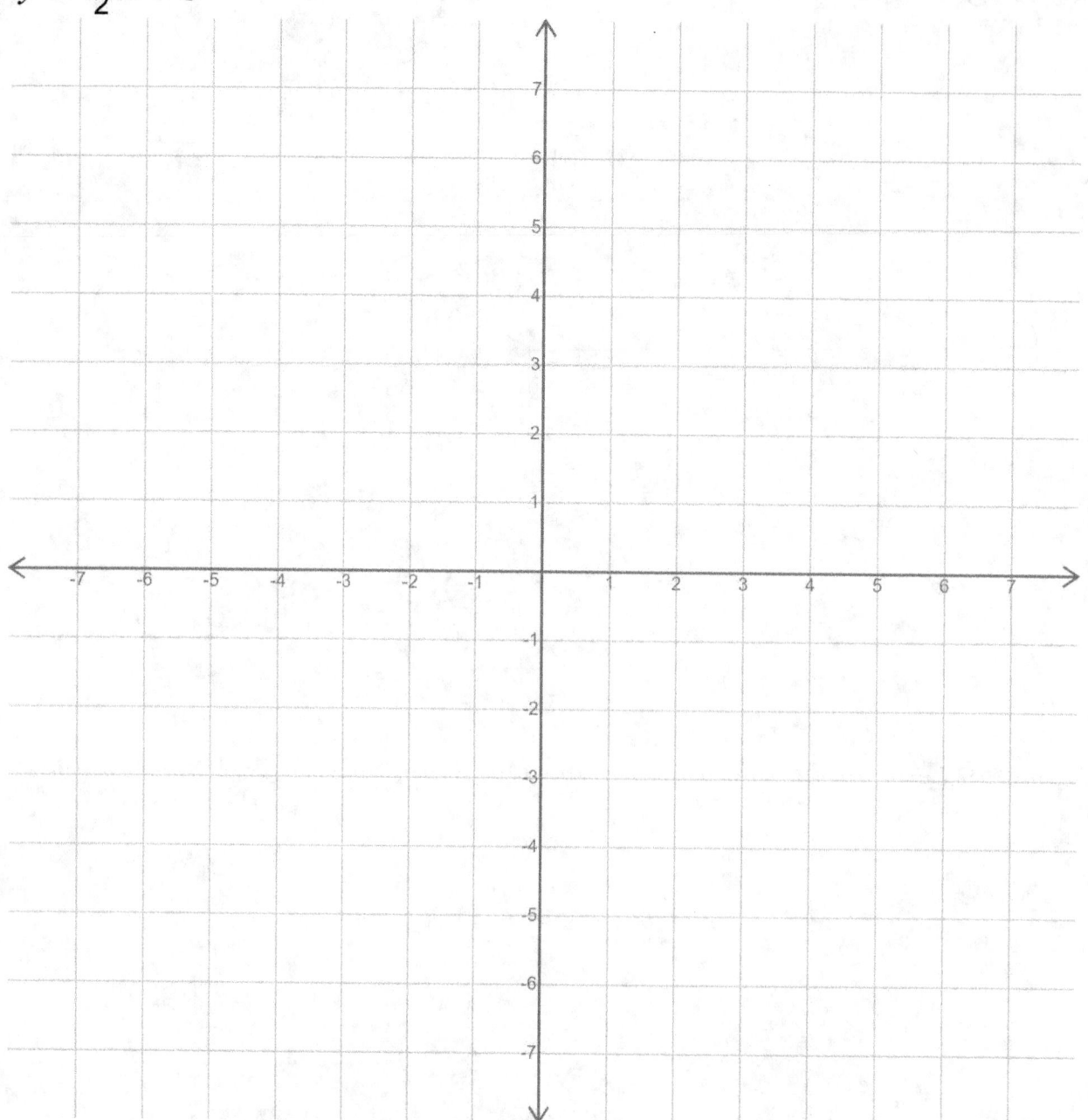

49. $y = 3x - 6$

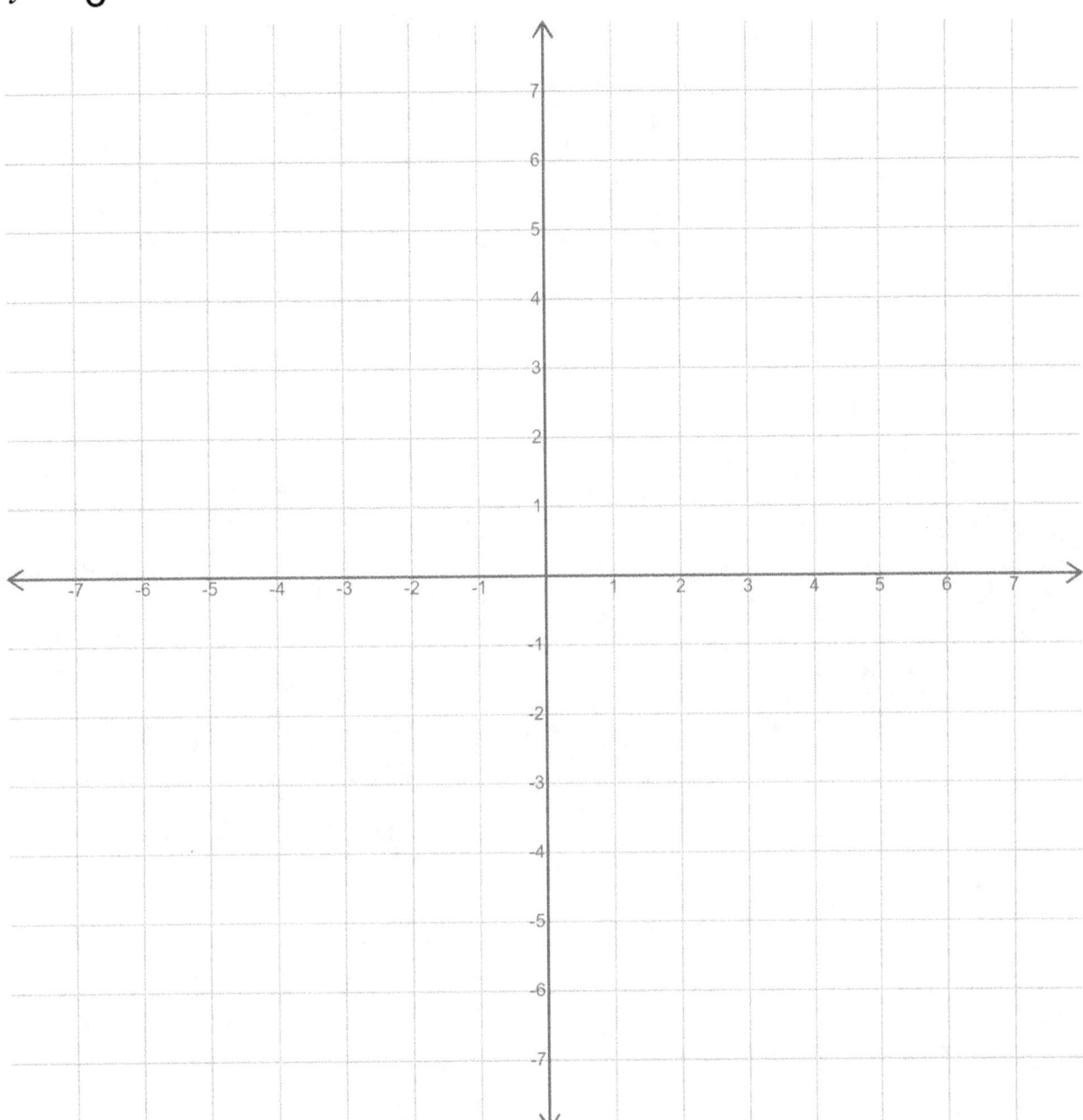

50. $y = \frac{3}{2}x - 4$

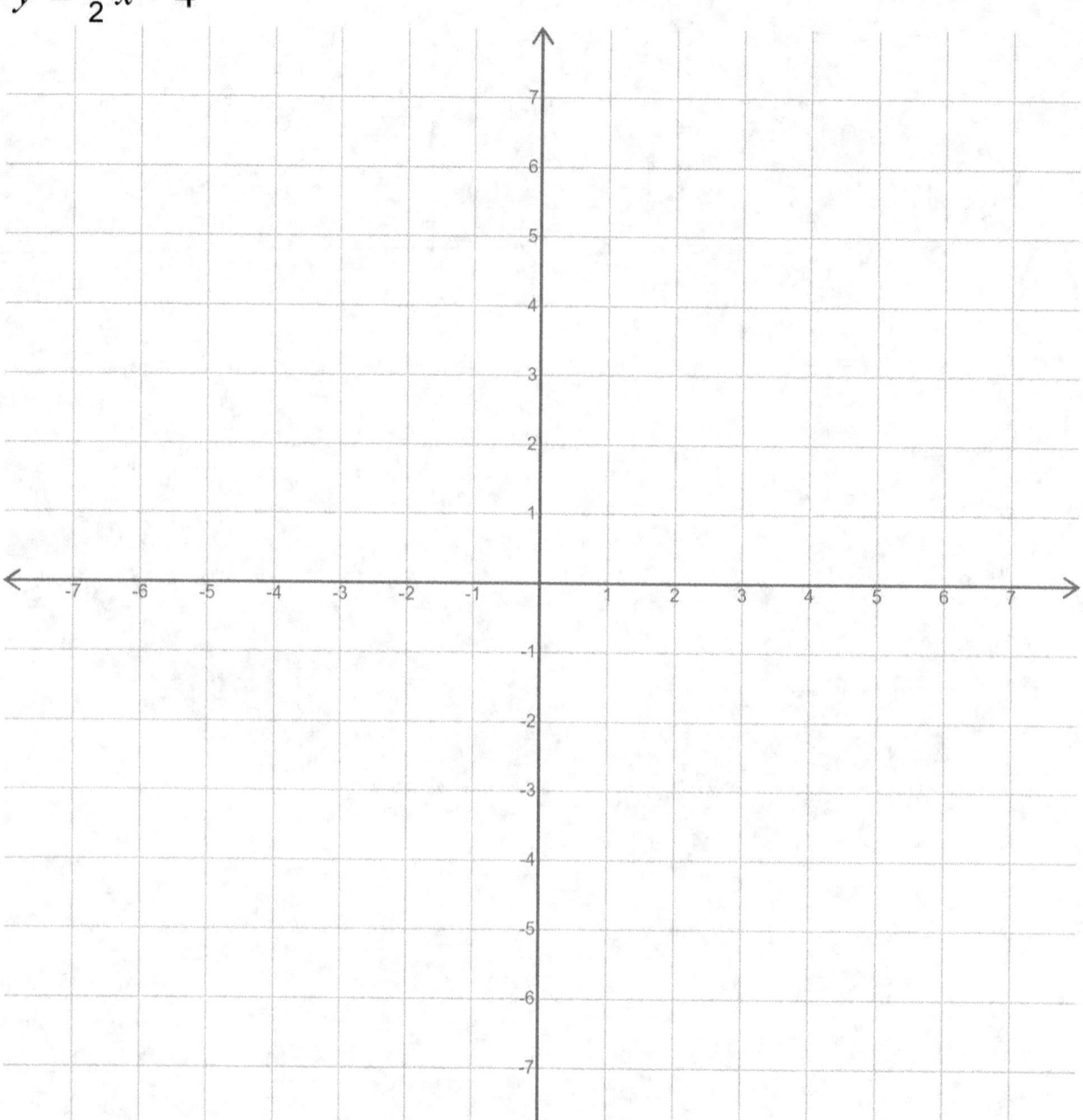

51. $y = \frac{-3}{4}x + 6$

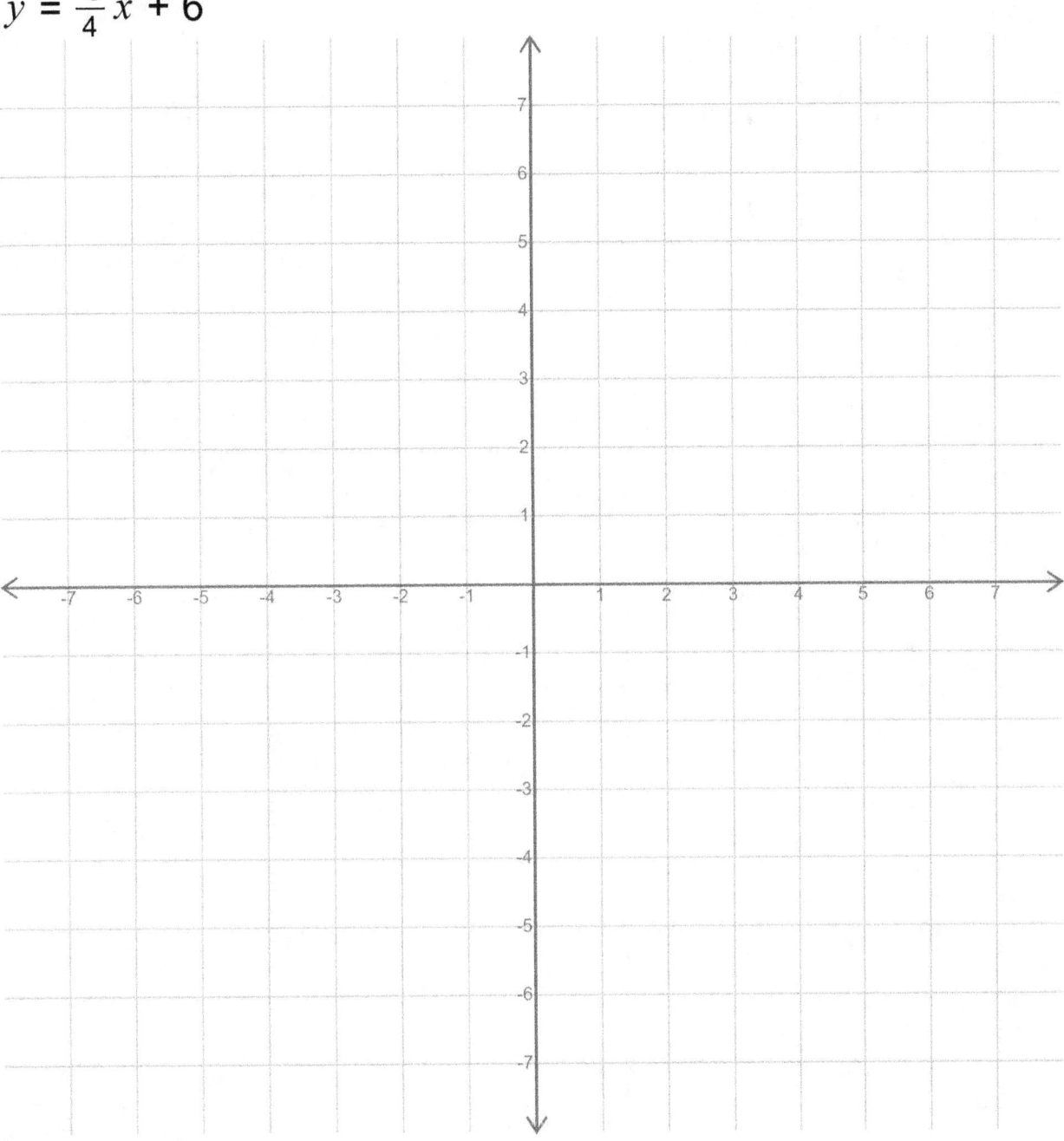

52. $y = \dfrac{-11}{4}x$

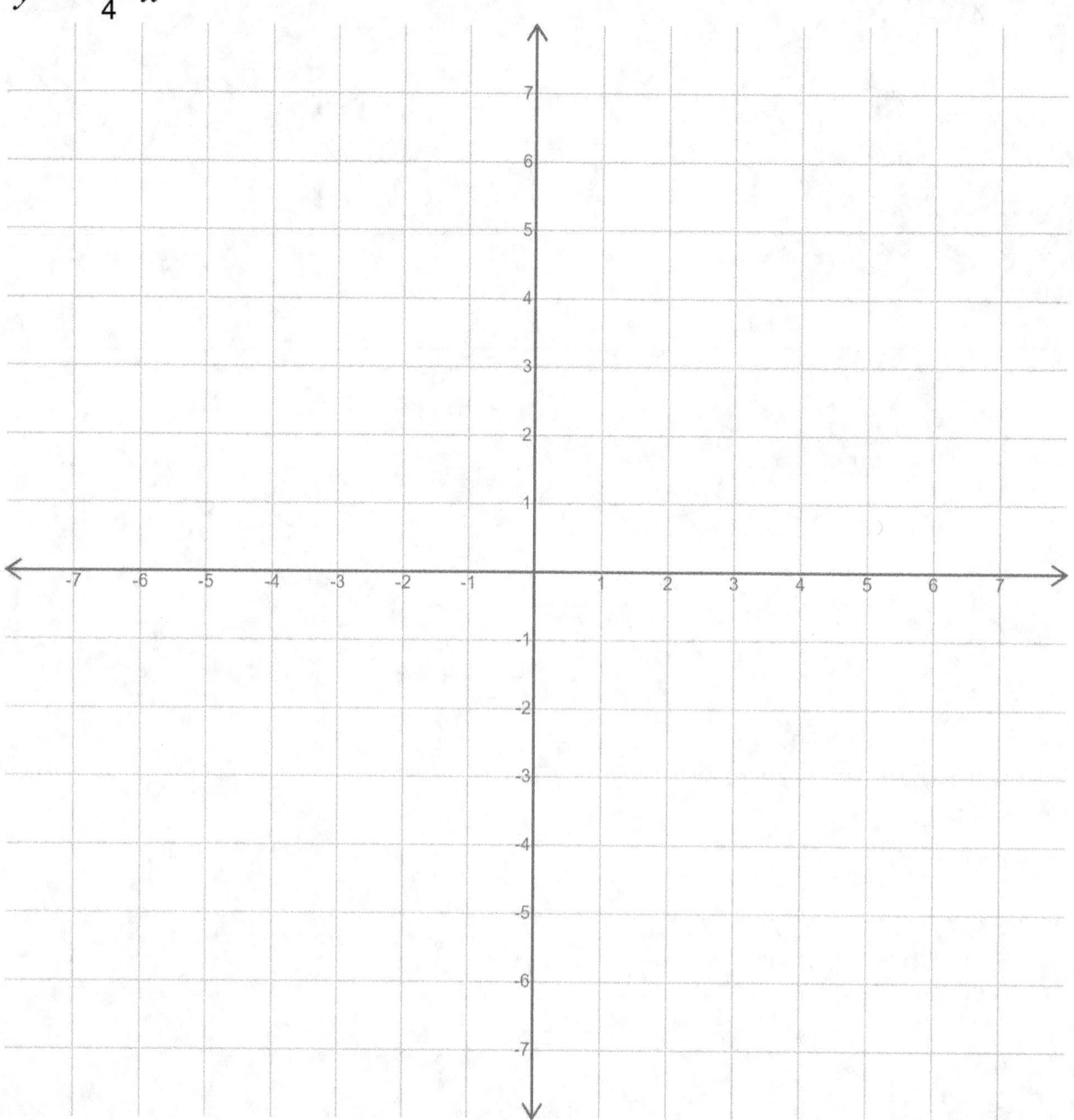

1. $y = \frac{5}{2}x + 3$

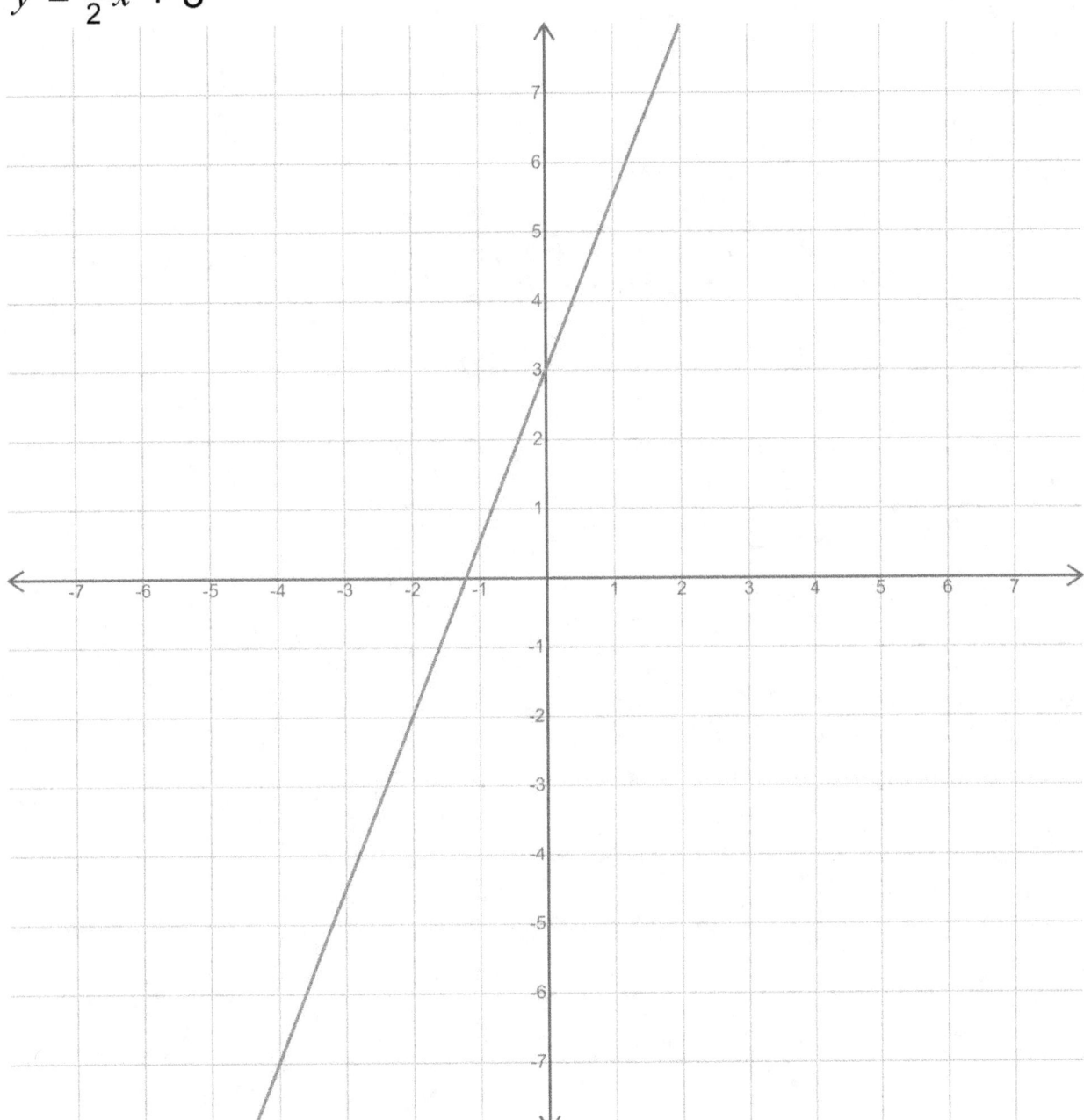

2. $y = \dfrac{-7}{4}x + 4$

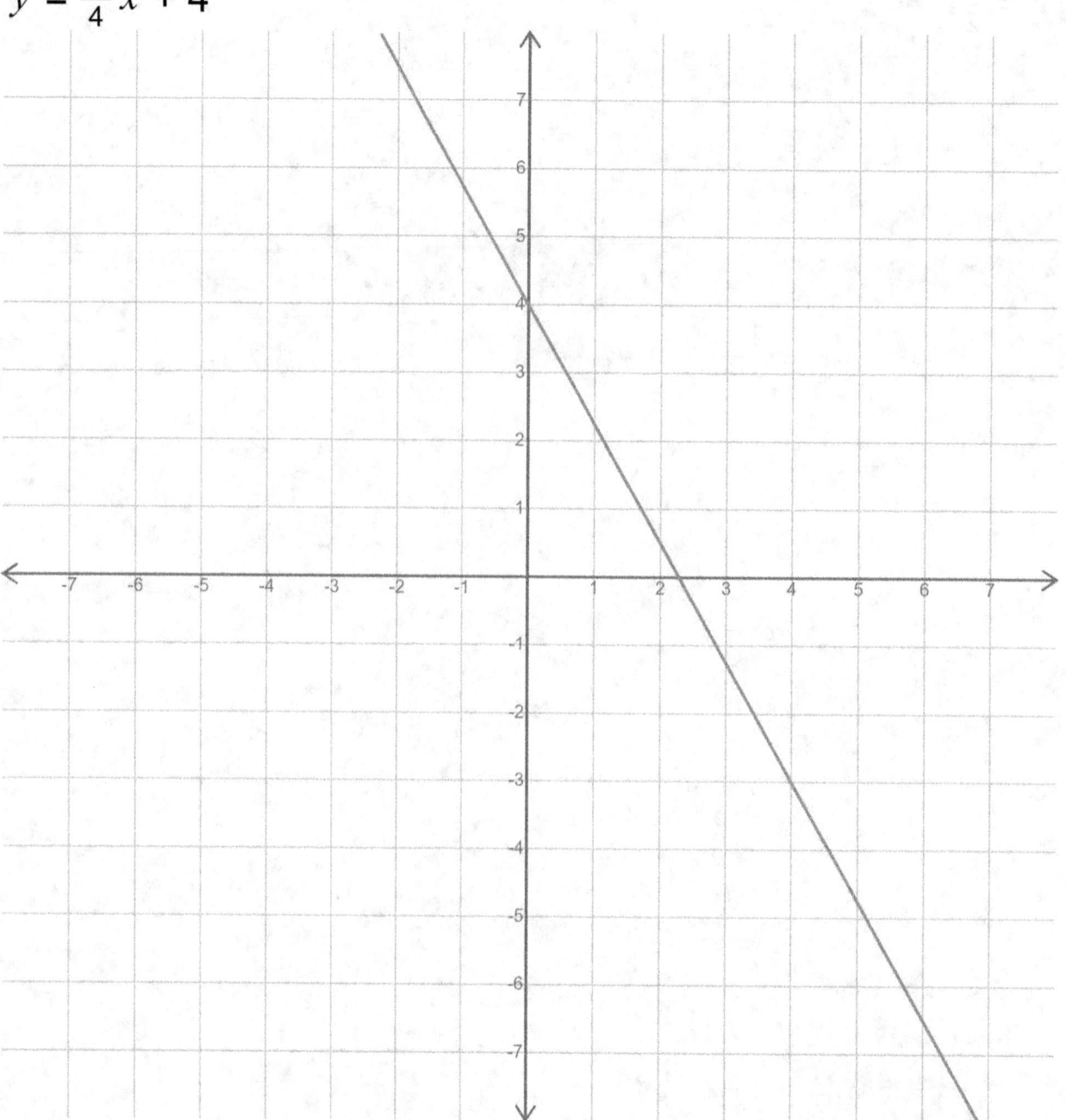

3. $x = -4$

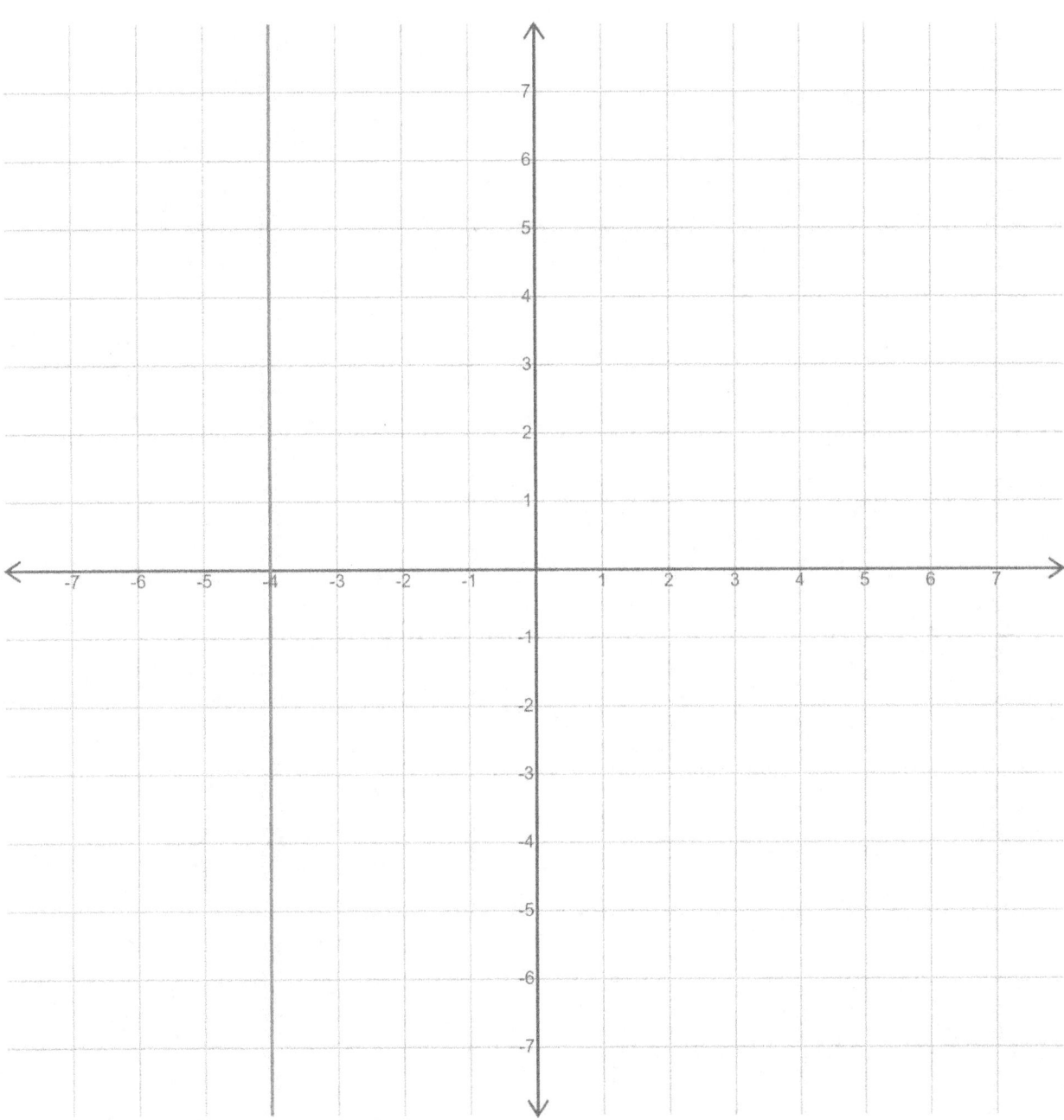

4. $y = \frac{-7}{4}x - 6$

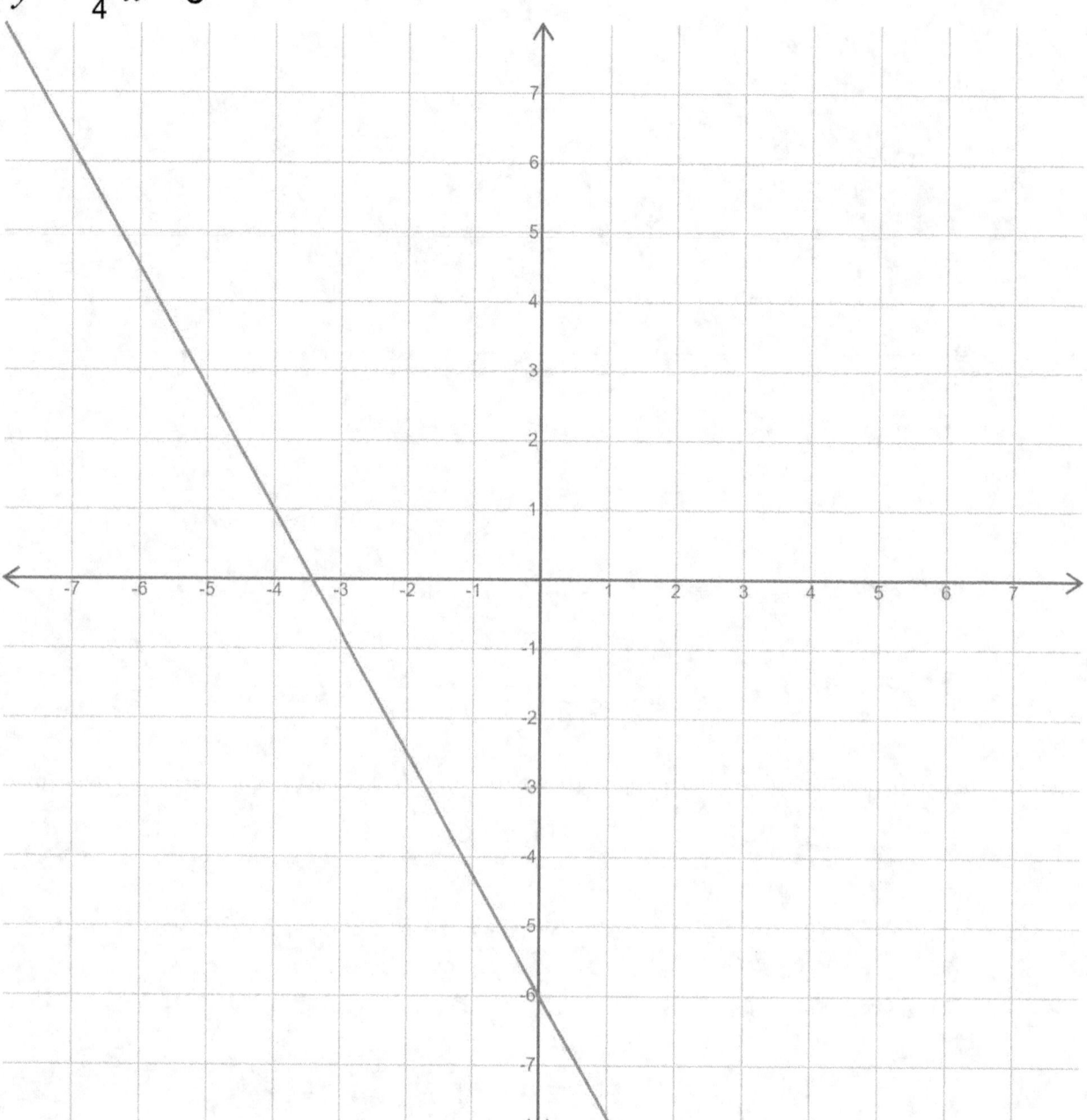

5. $y = \frac{-1}{2}x + 4$

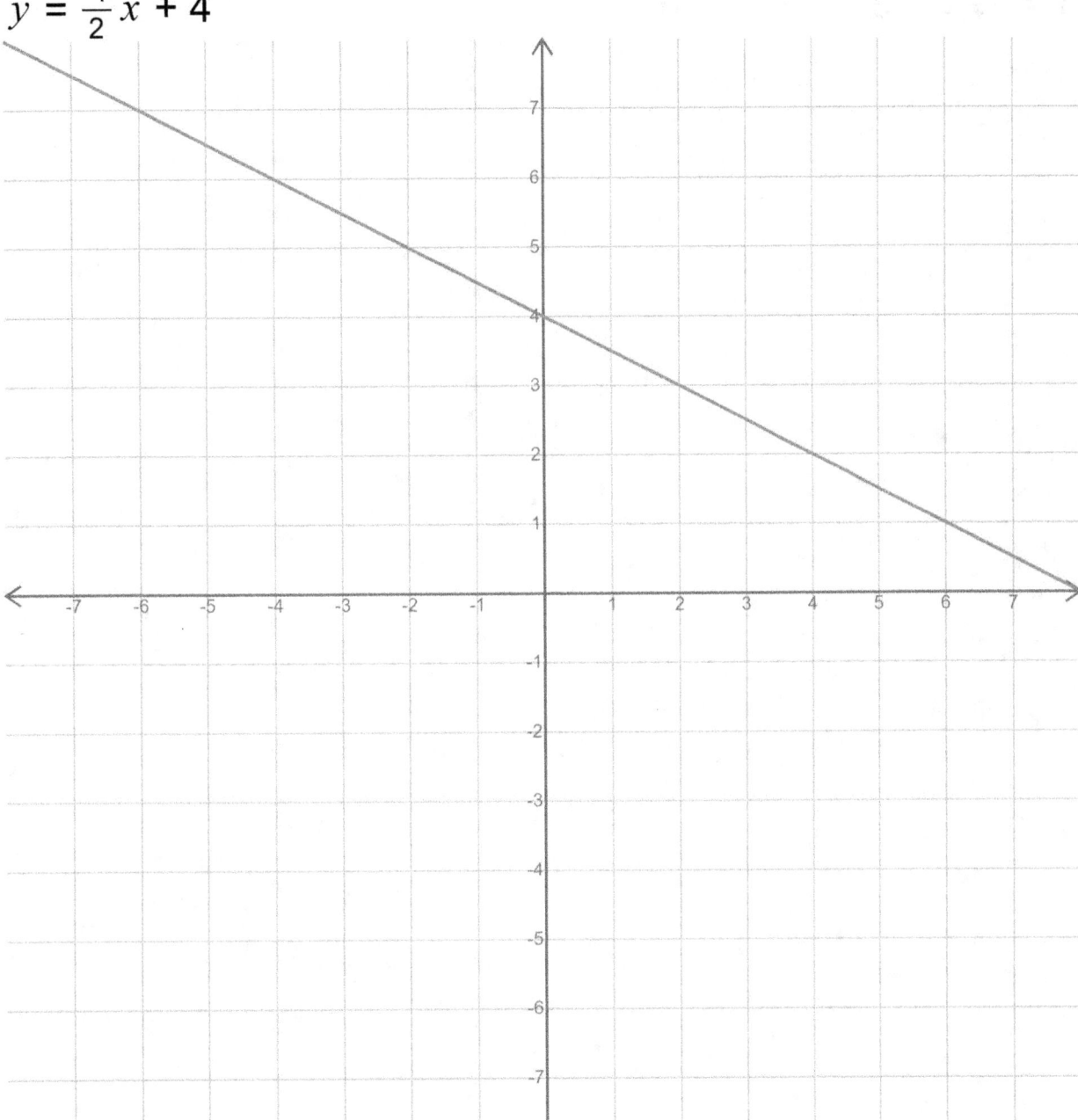

6. $y = \dfrac{-5}{2}x + 3$

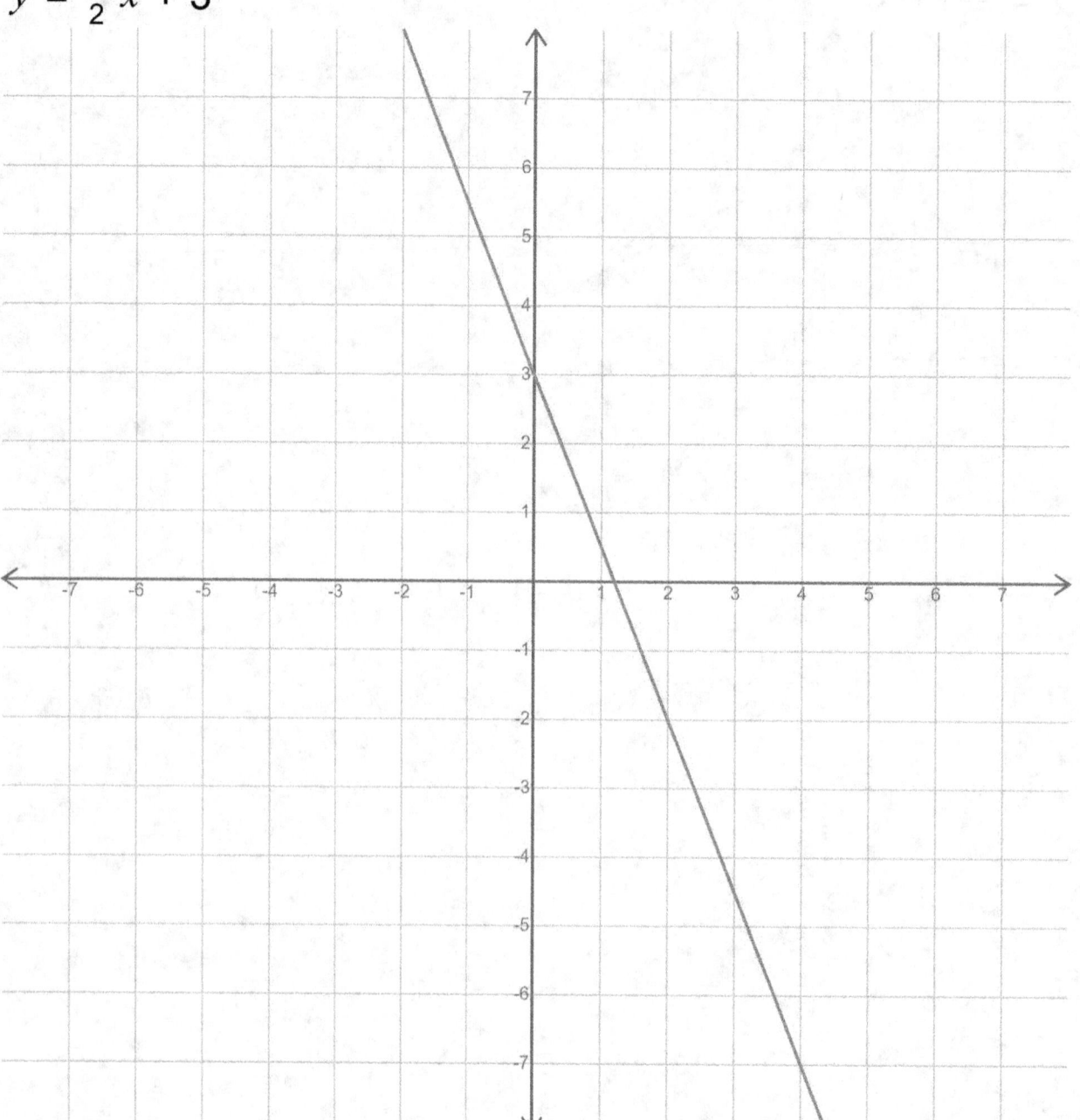

7. $y = \frac{1}{4}x - 7$

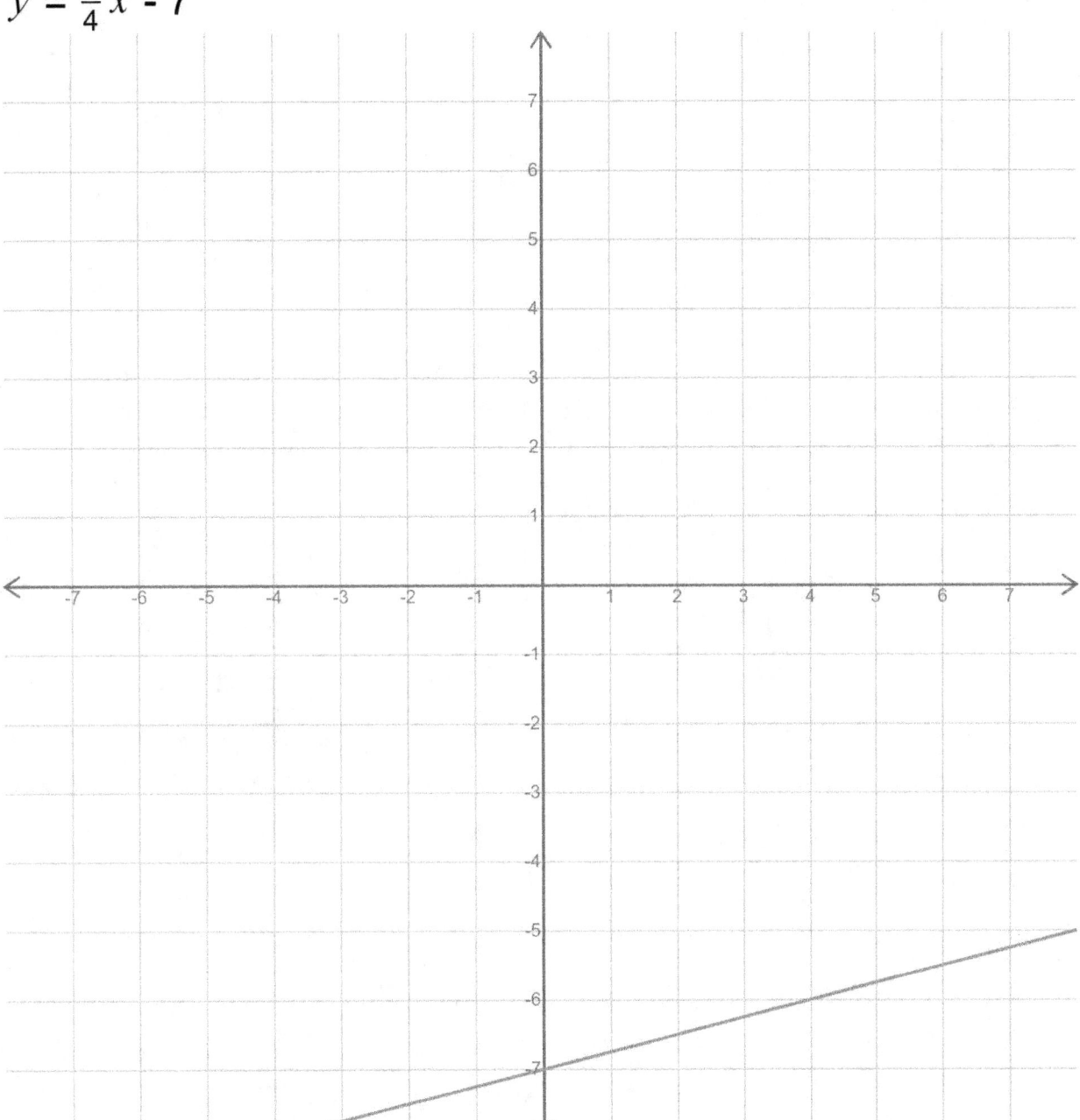

8. $y = \frac{7}{4}x - 5$

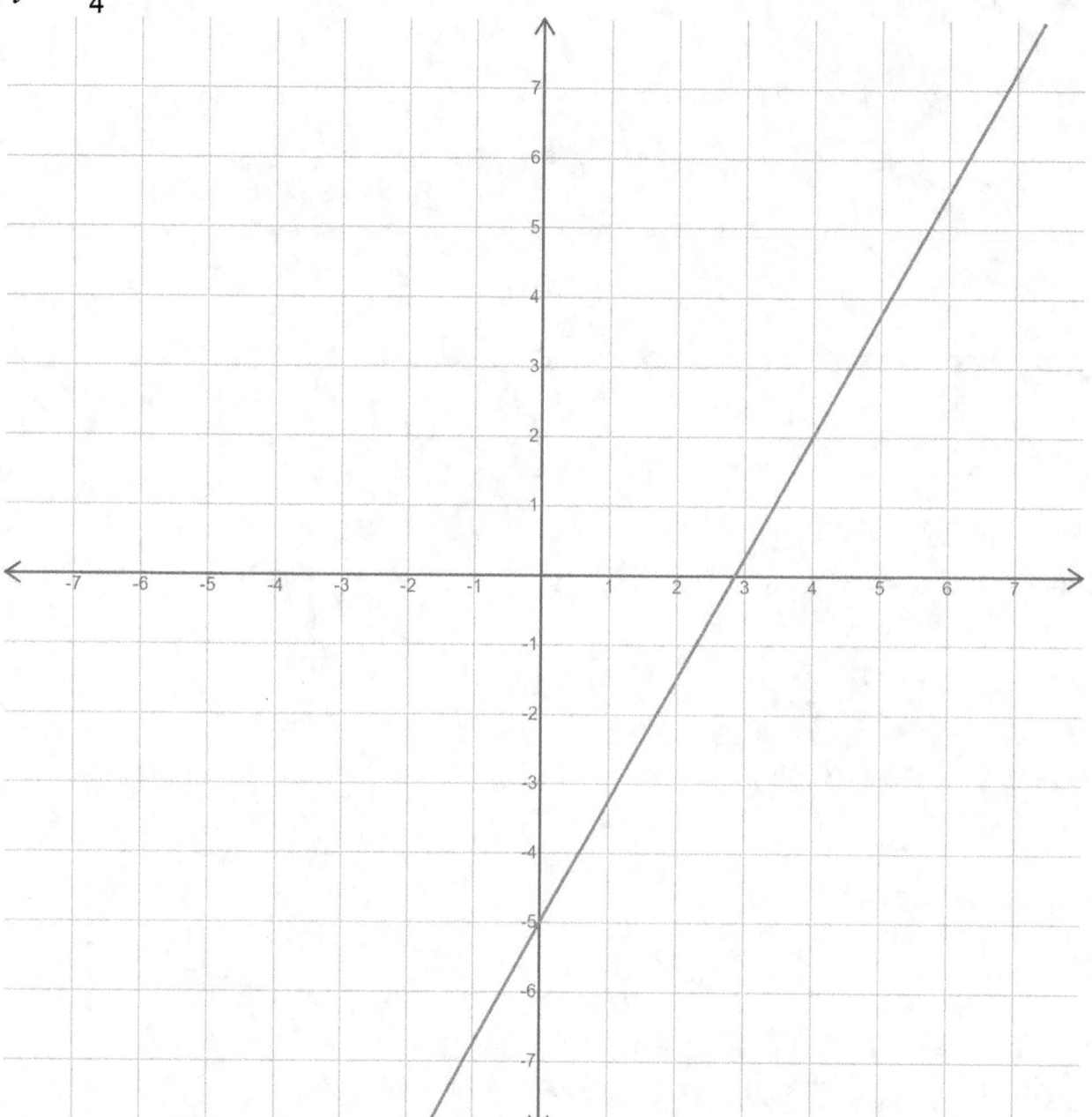

9. $y = -2x - 6$

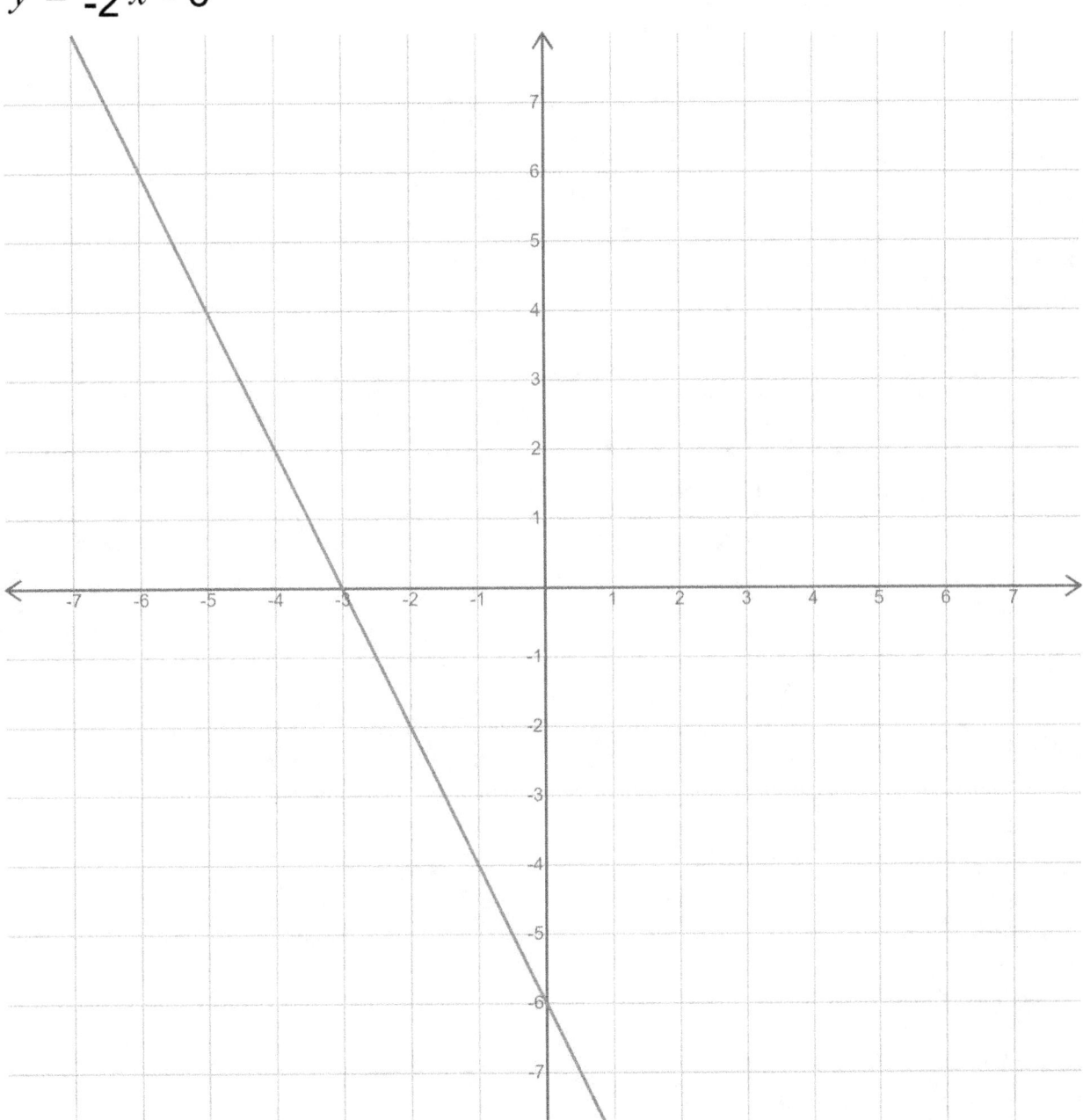

10. $y = \frac{3}{2}x + 3$

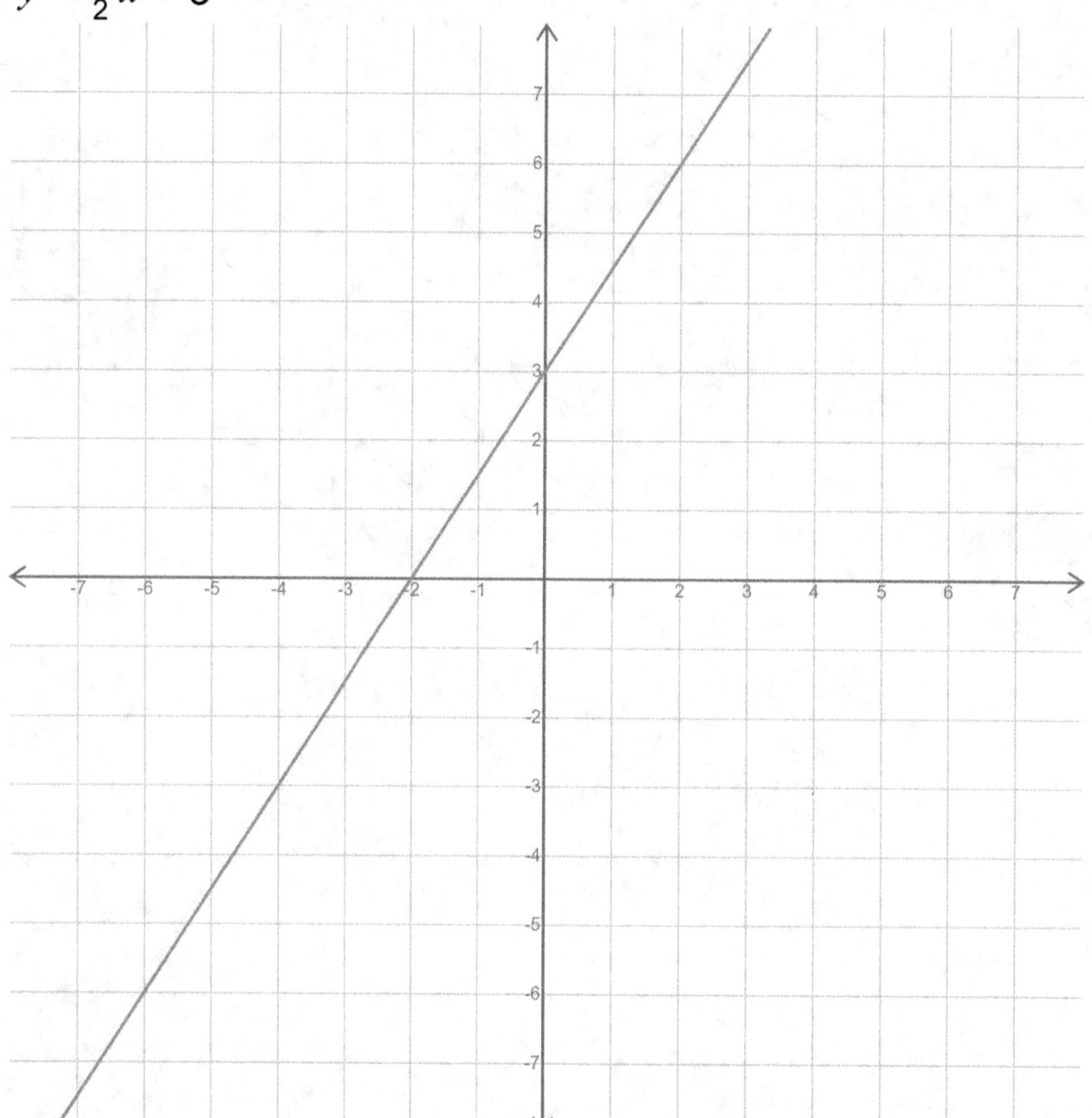

11. $y = \dfrac{-3}{2}x + 7$

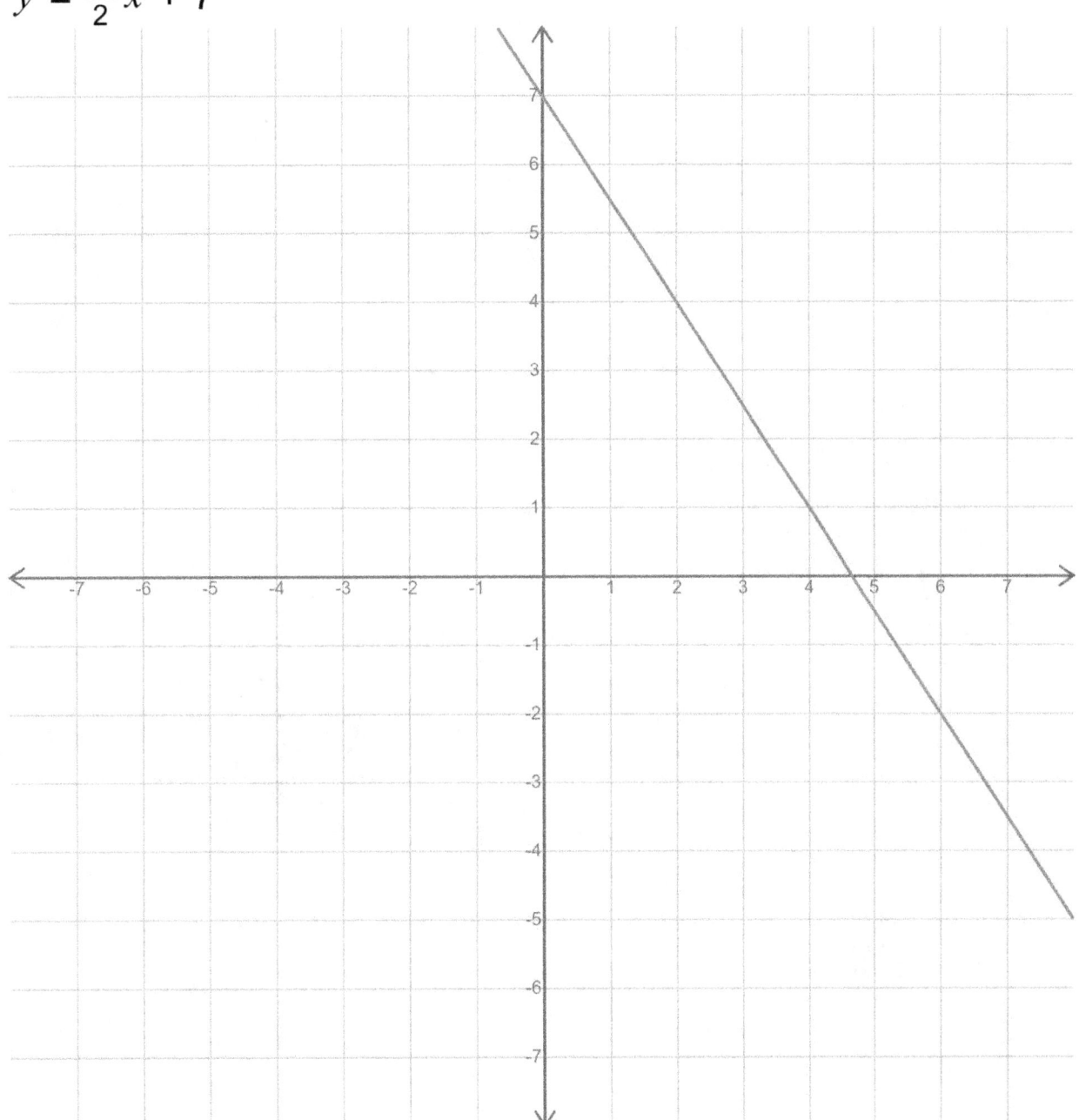

12. $y = -x - 1$

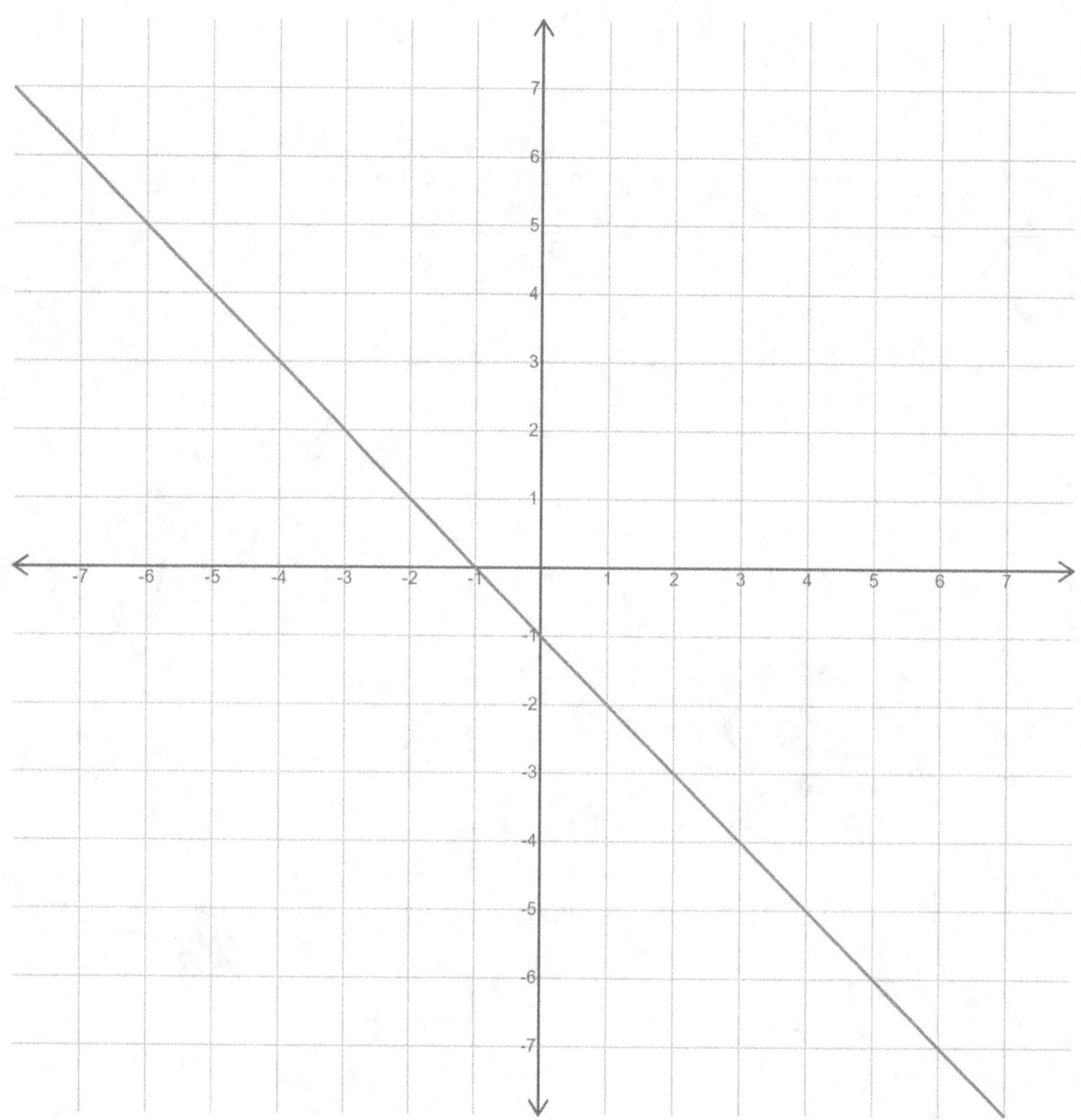

13. $y = -2x - 1$

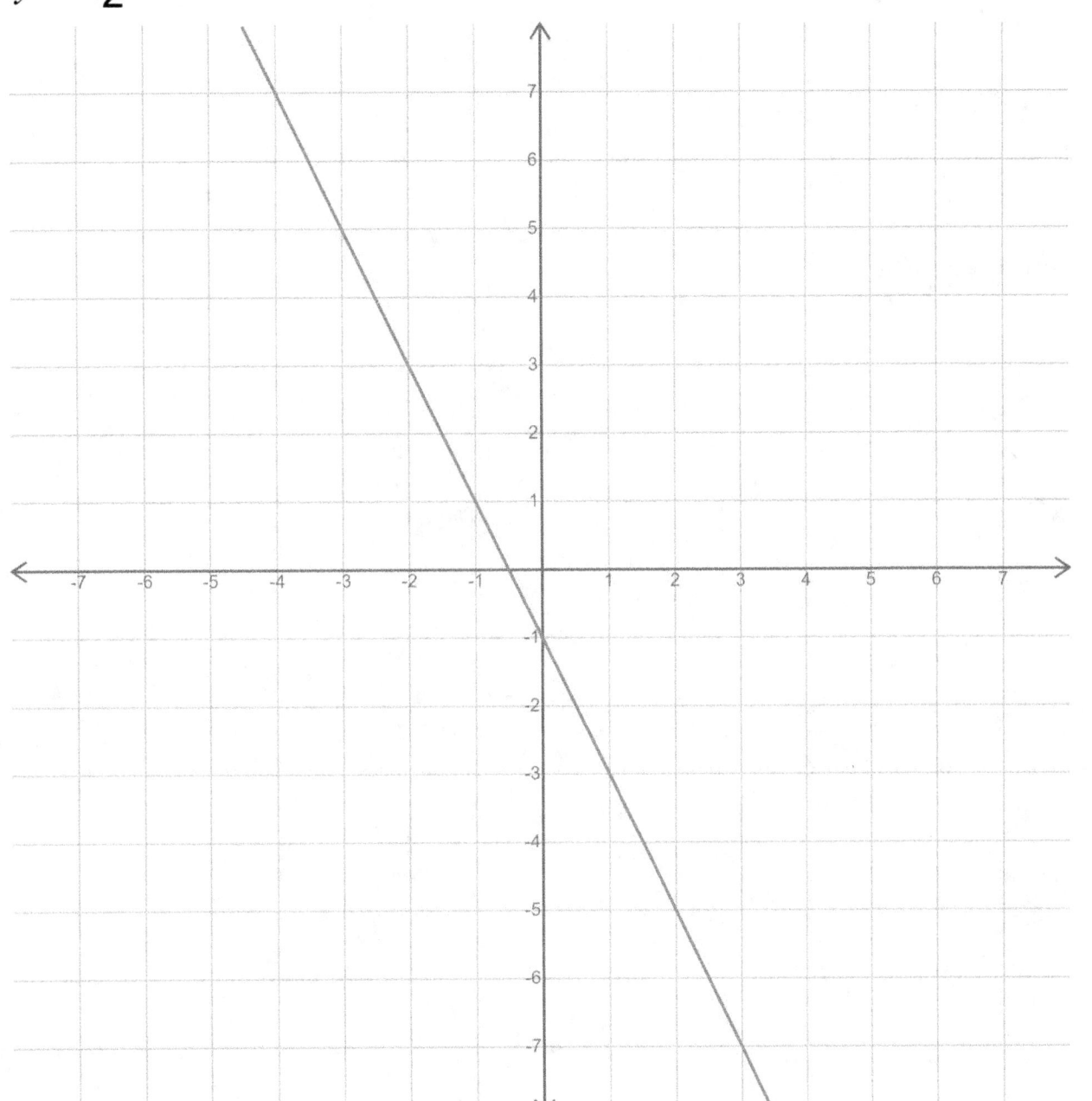

14. $y = \frac{-3}{4}x - 3$

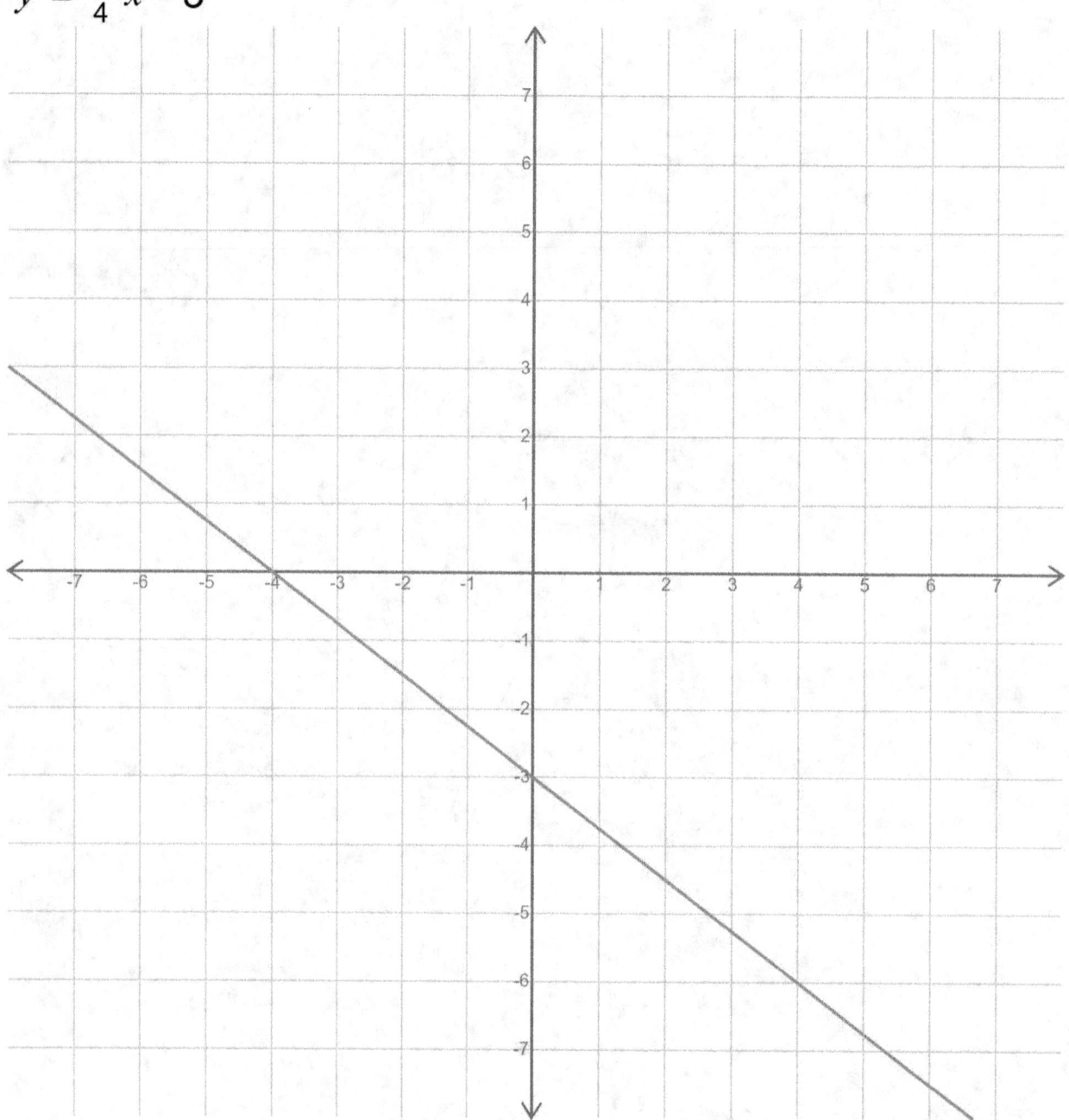

15. $y = \dfrac{-1}{2}x - 7$

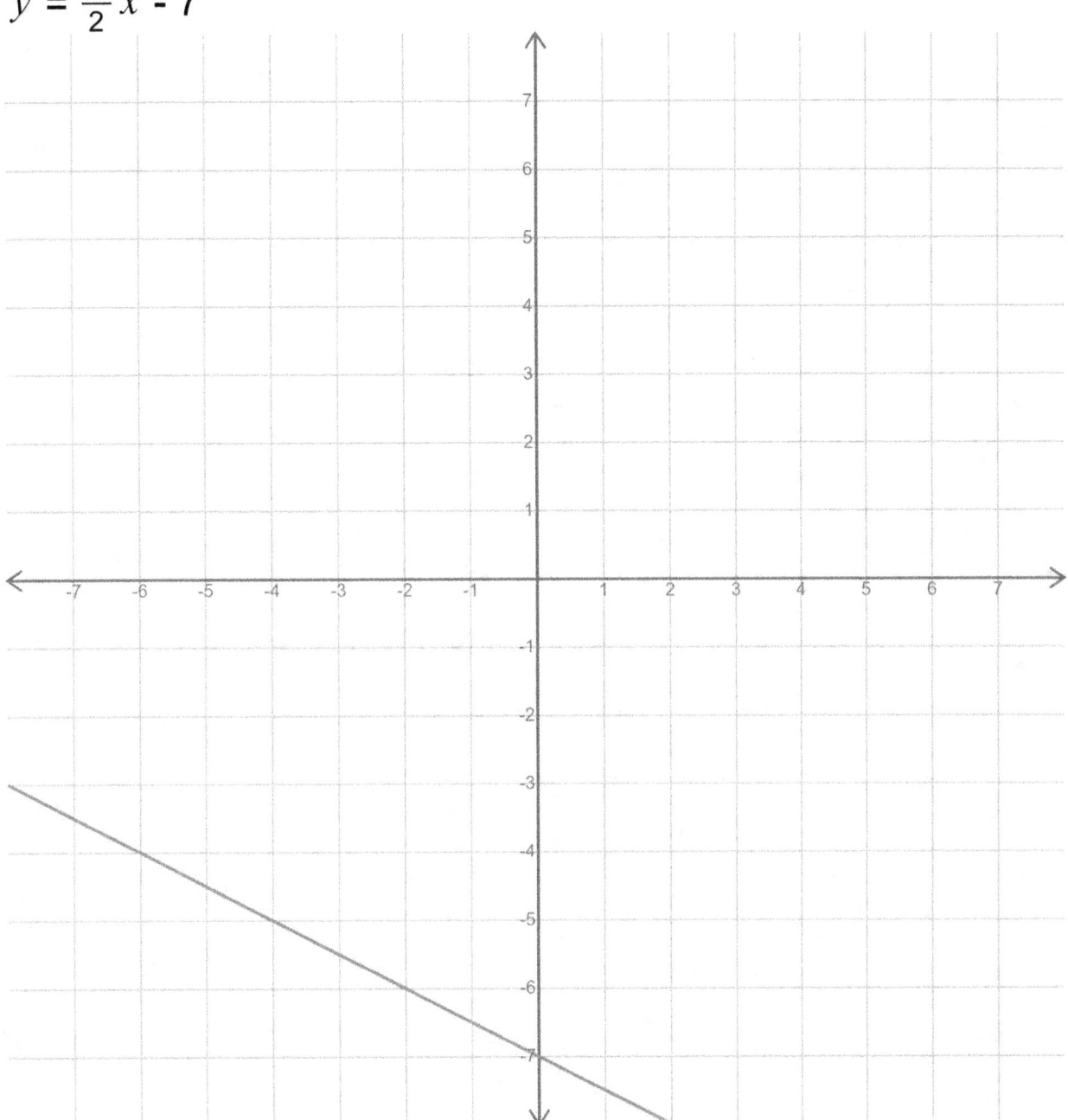

16. $y = 3x - 5$

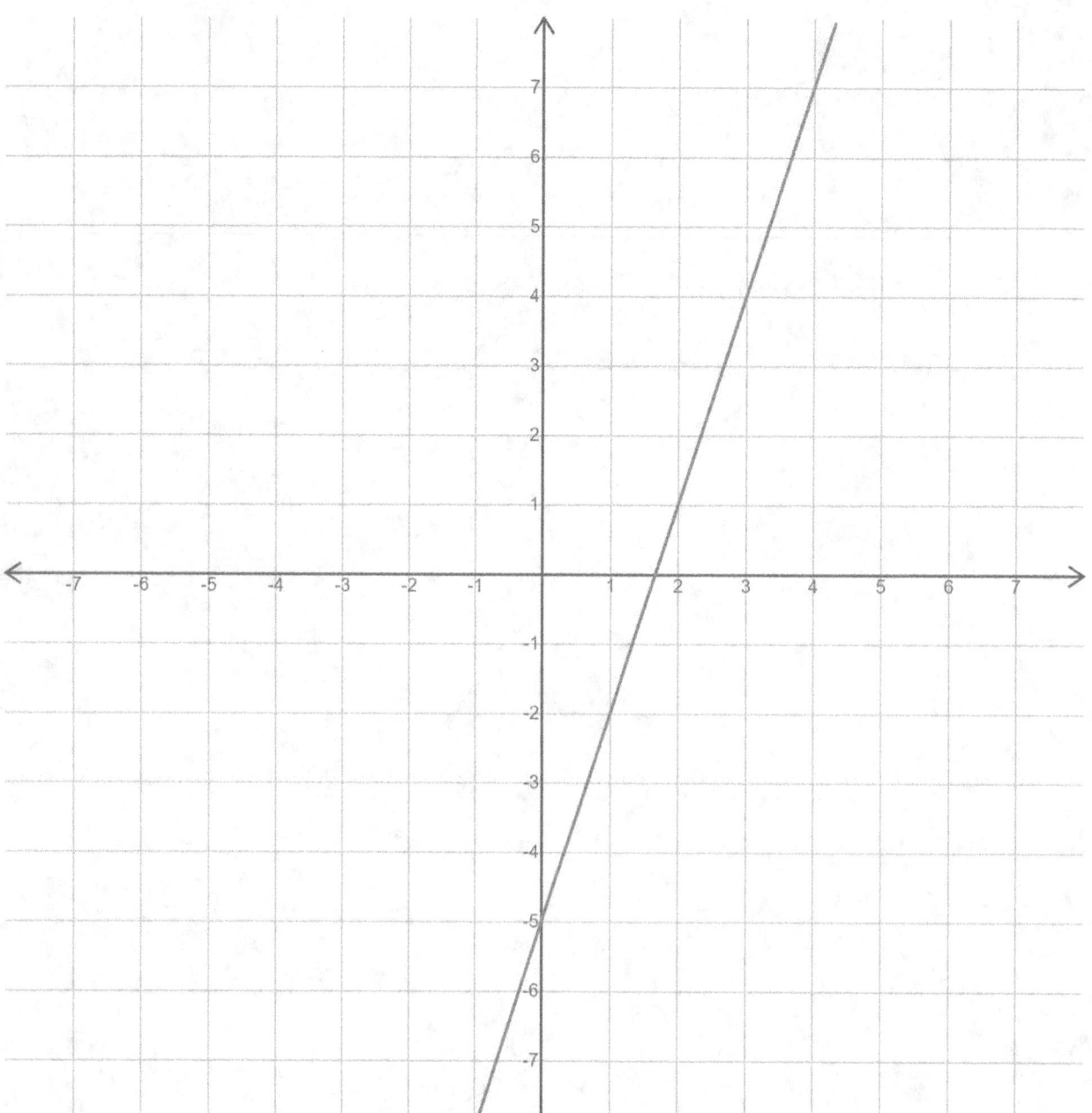

17. $y = \dfrac{11}{4}x - 4$

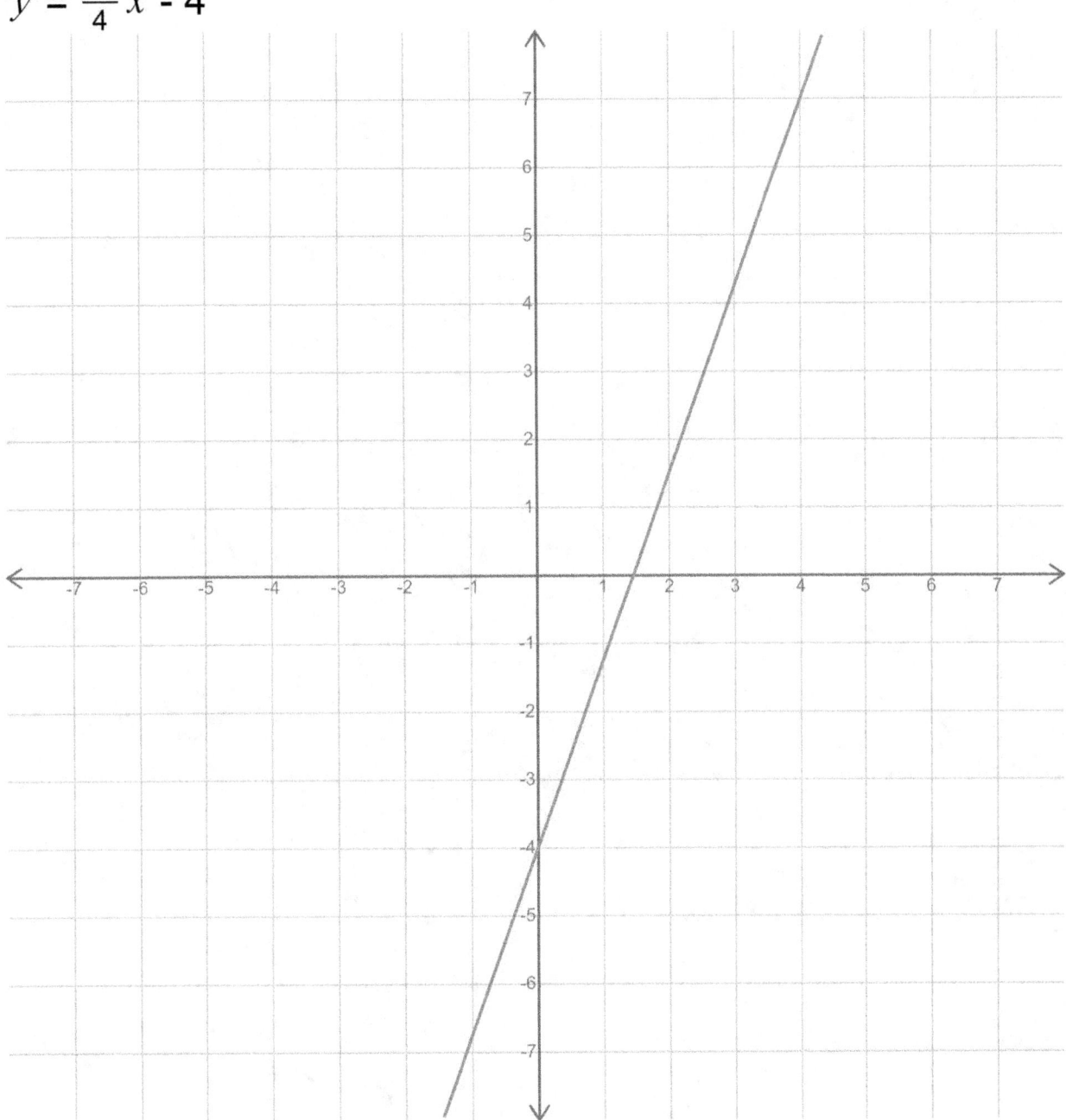

18. $y = \frac{3}{4}x + 3$

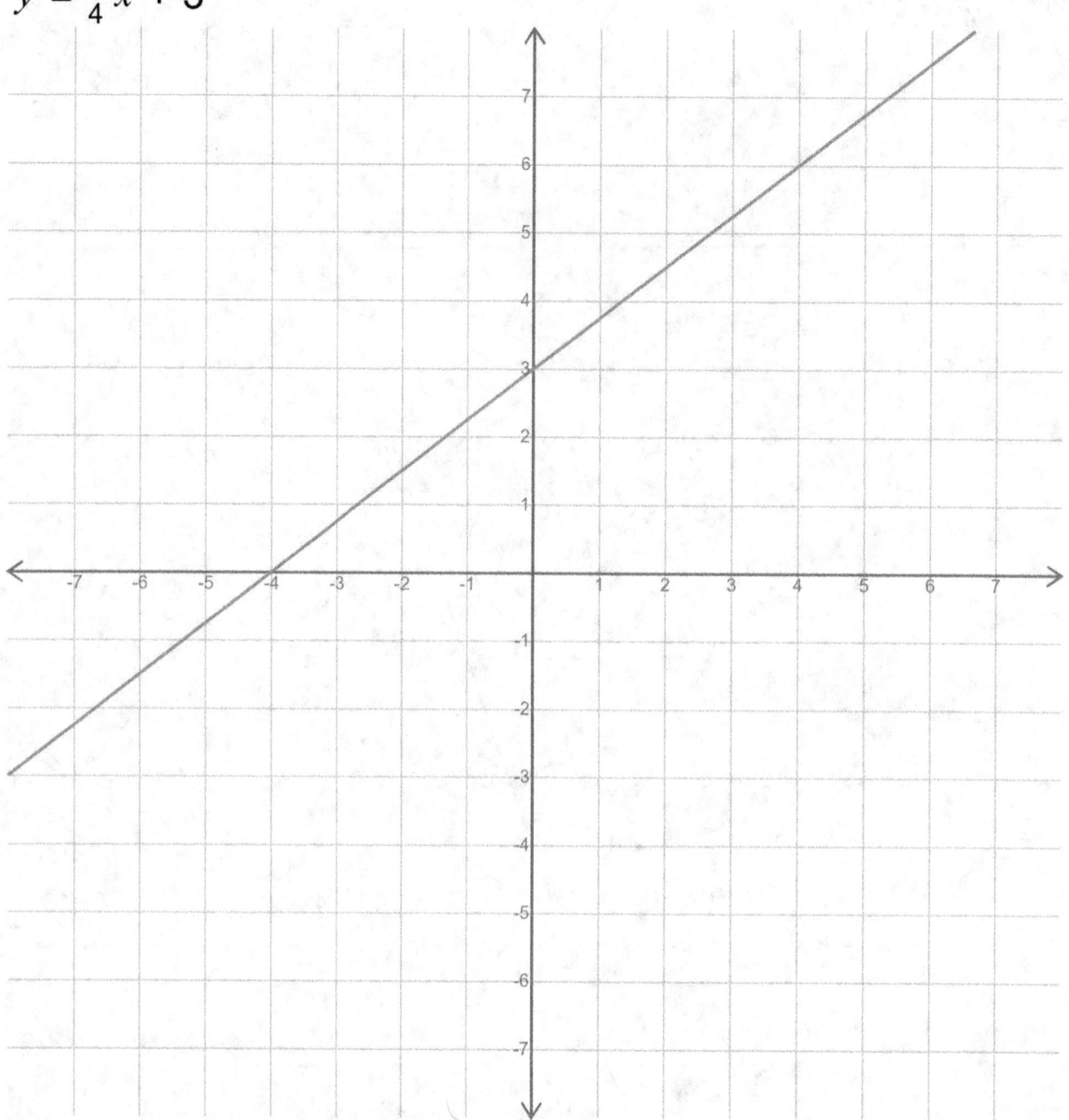

19. $y = \dfrac{-11}{4}x + 7$

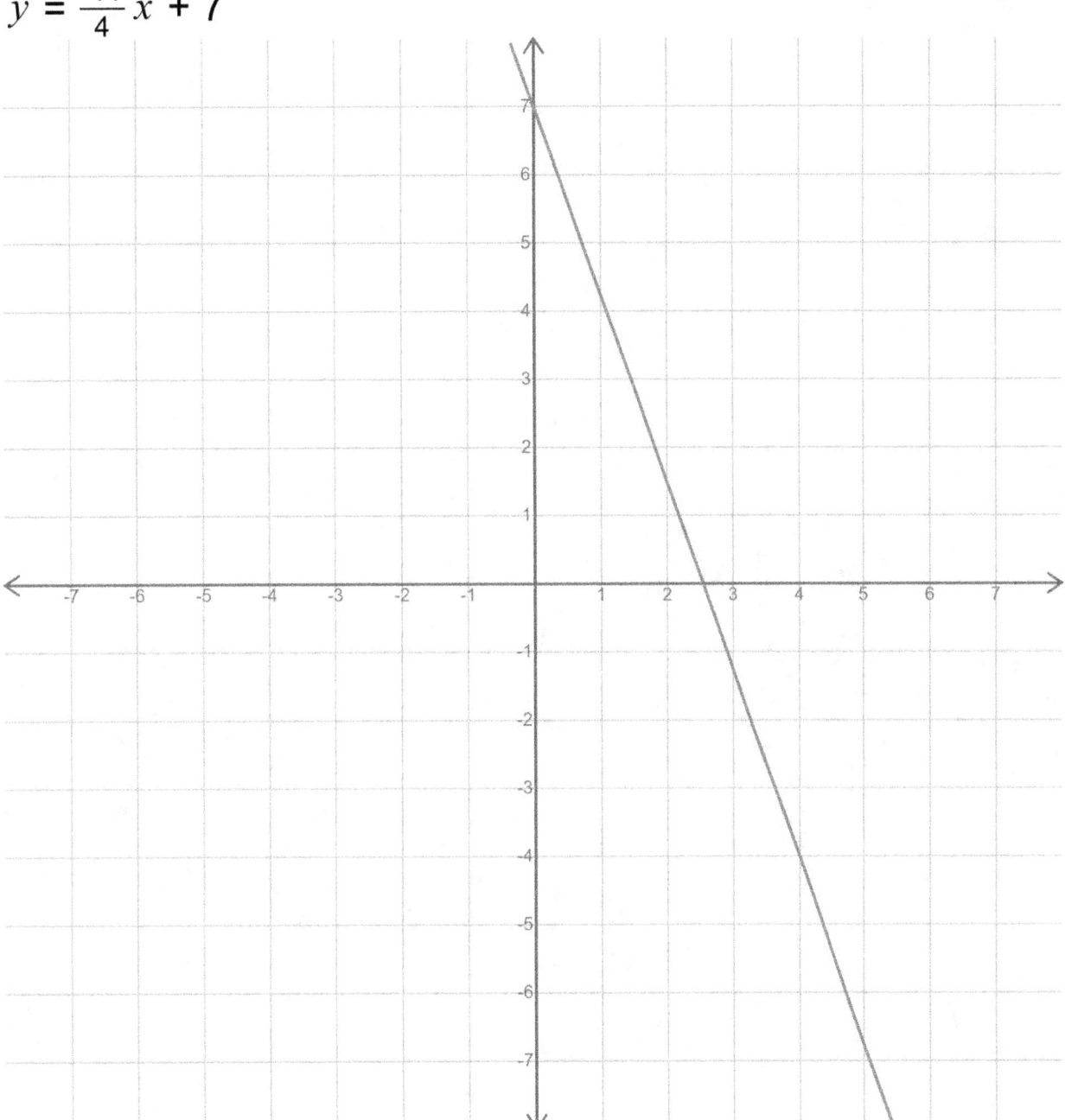

20. $y = \dfrac{-9}{4}x + 4$

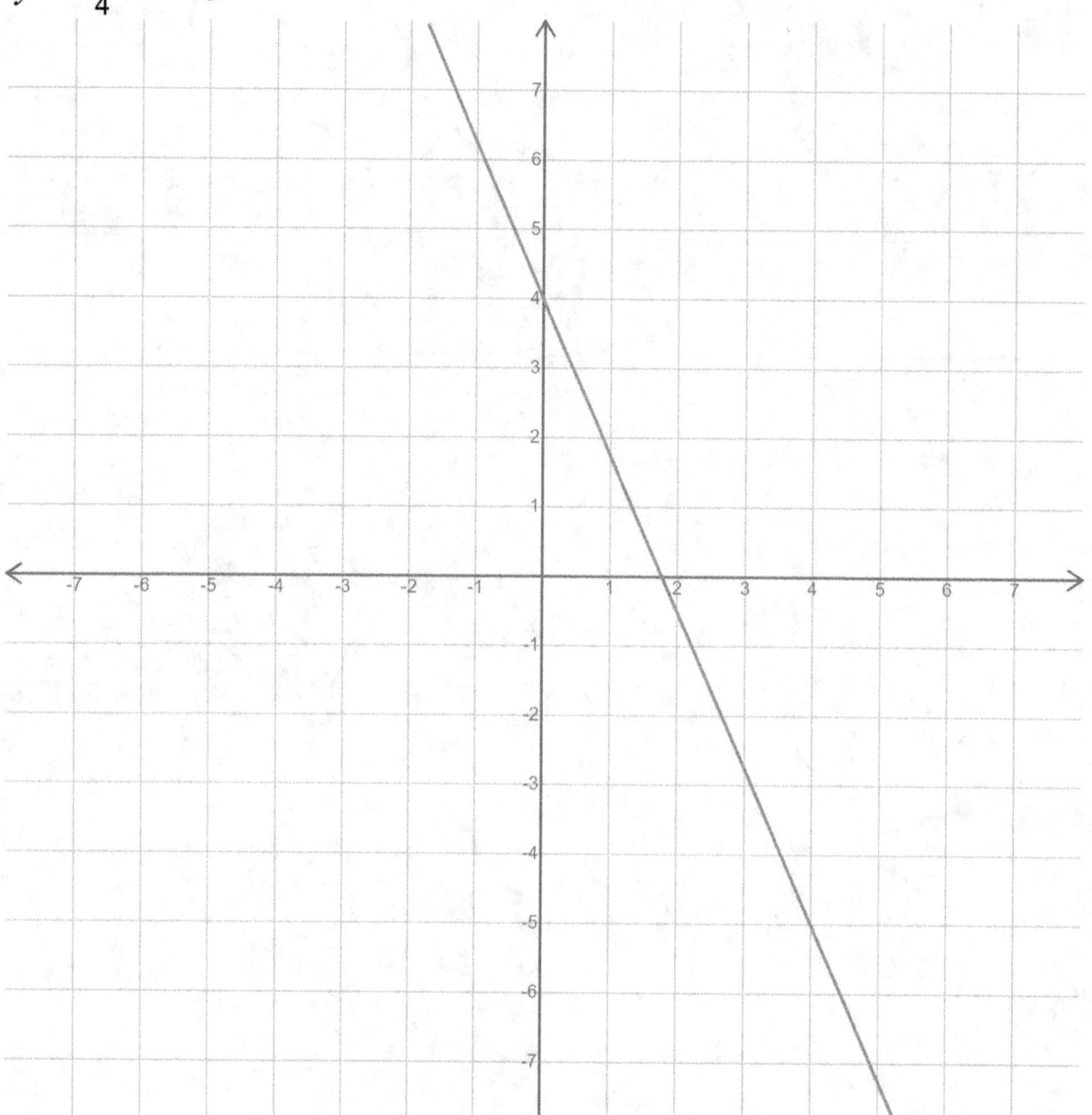

21. $y = \dfrac{-11}{4}x - 4$

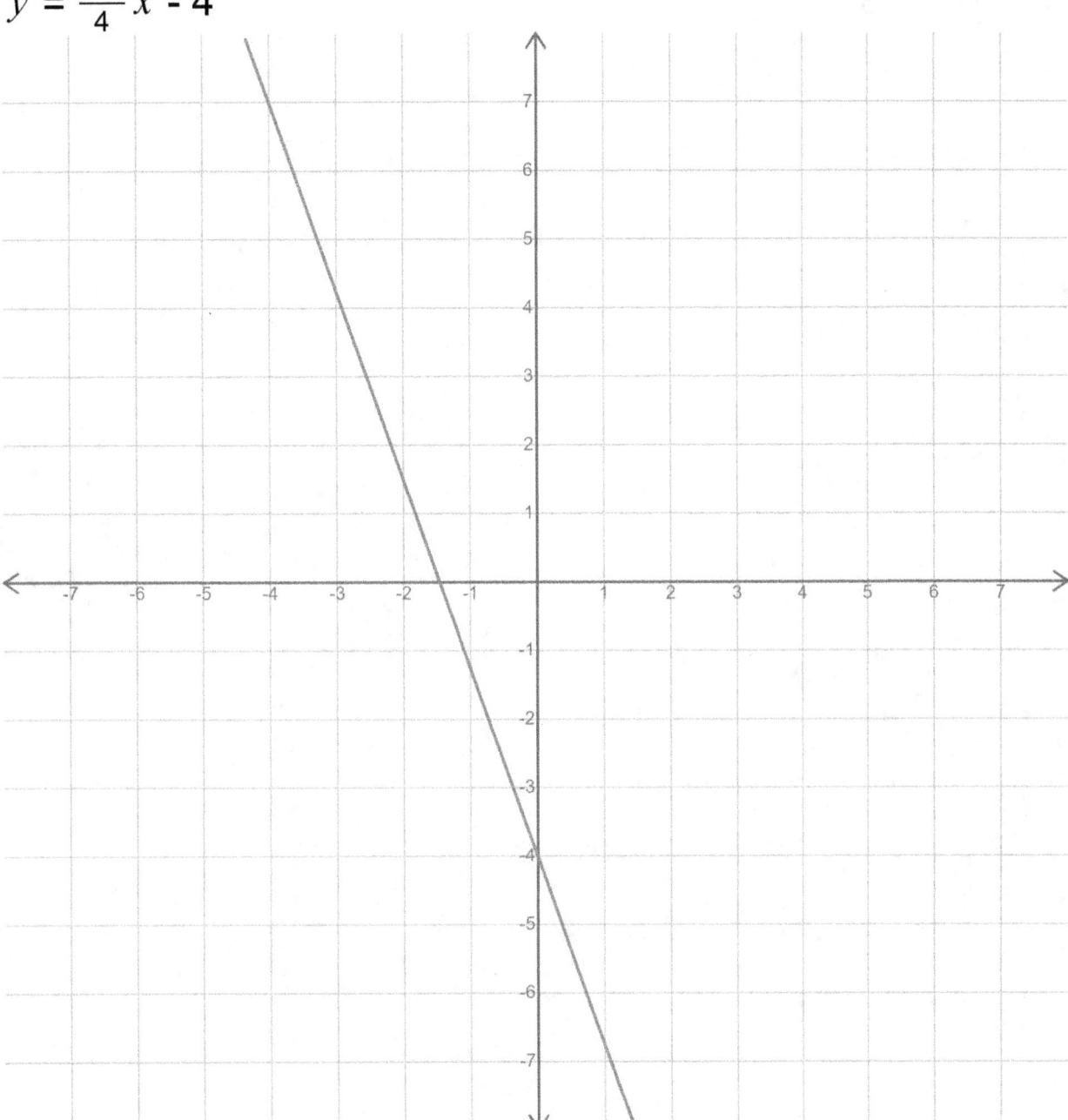

22. $y = \dfrac{-5}{4}x + 3$

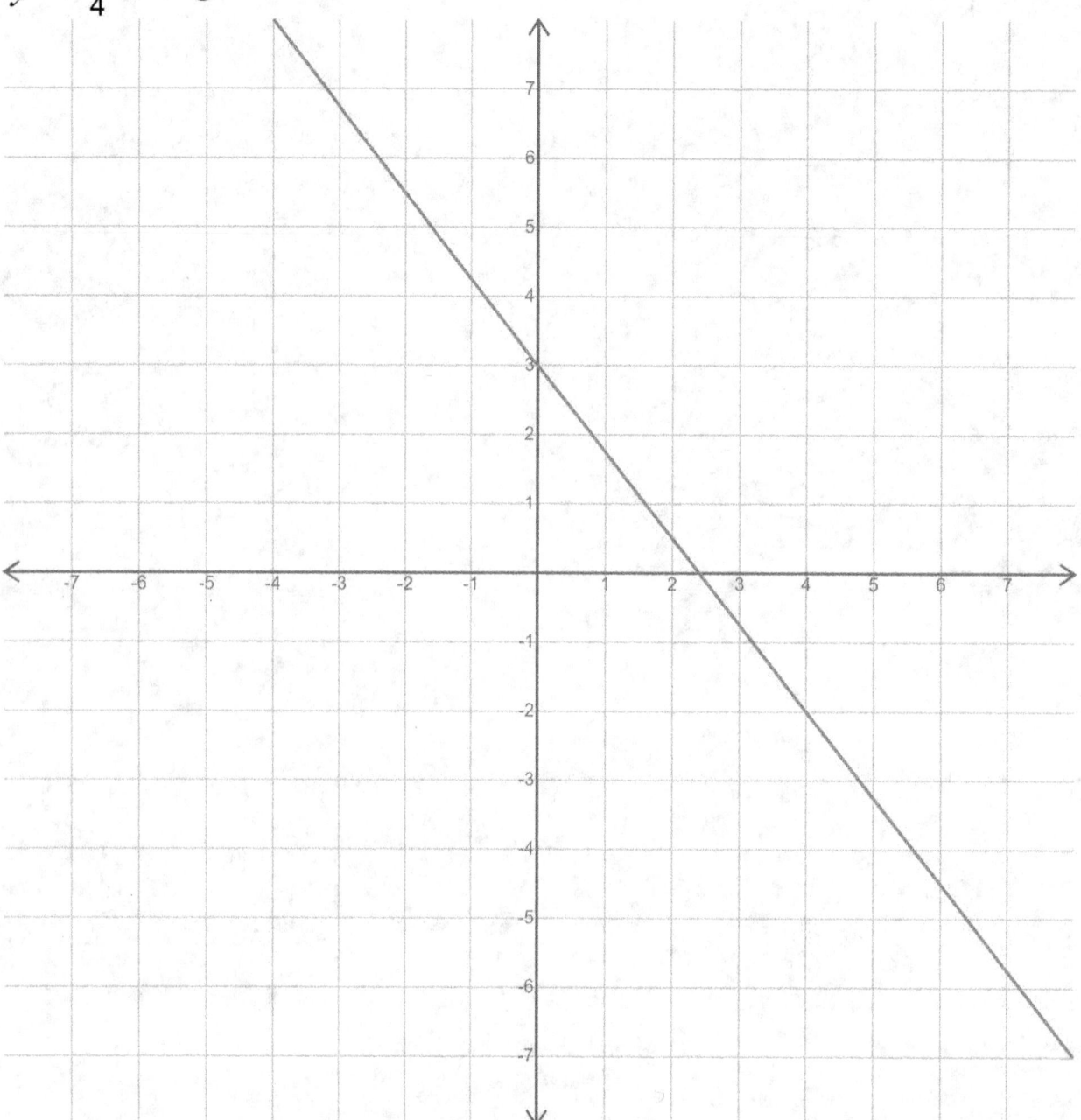

23. $y = \frac{-1}{2}x + 5$

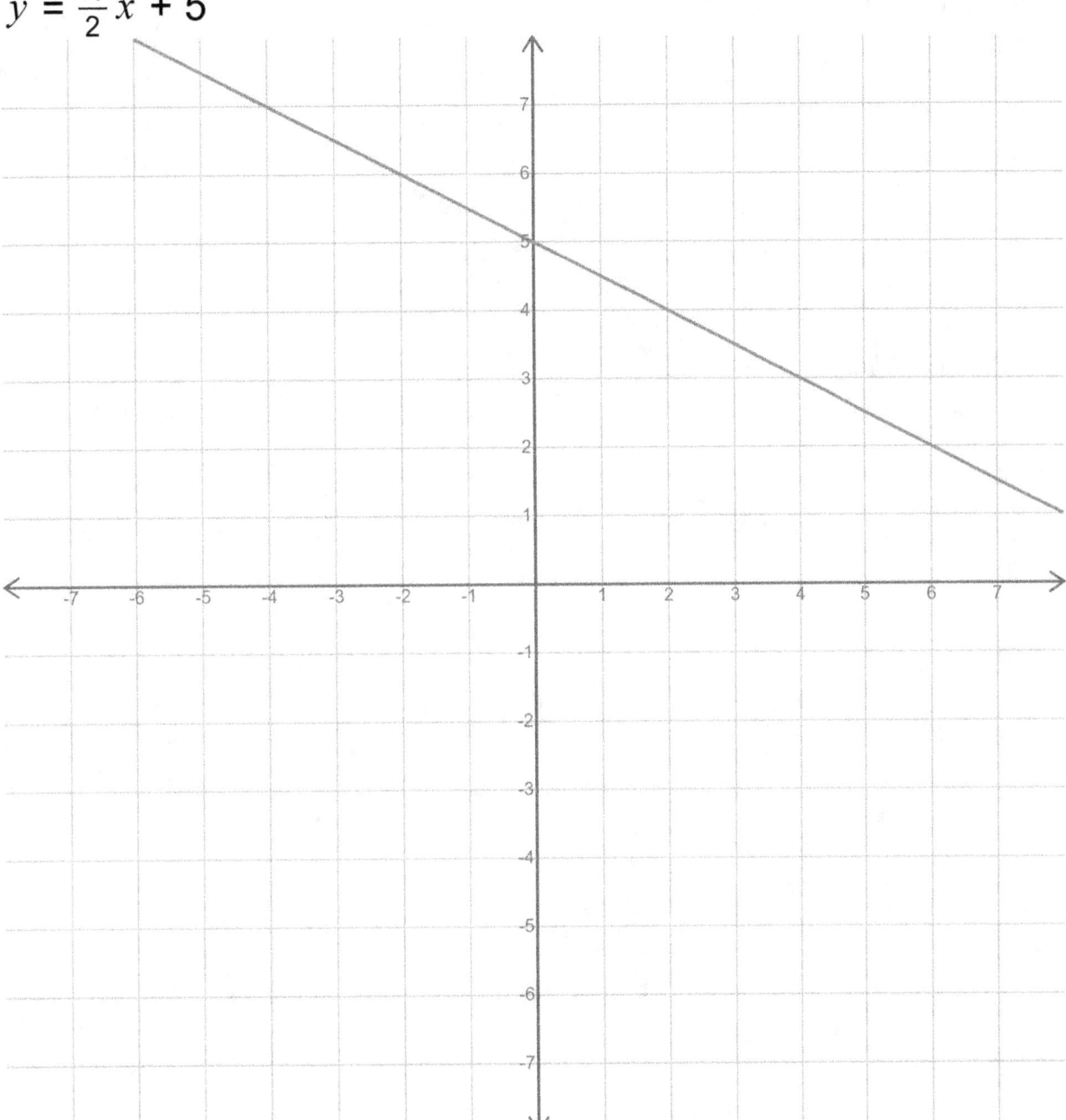

24. $y = \frac{3}{2}x + 6$

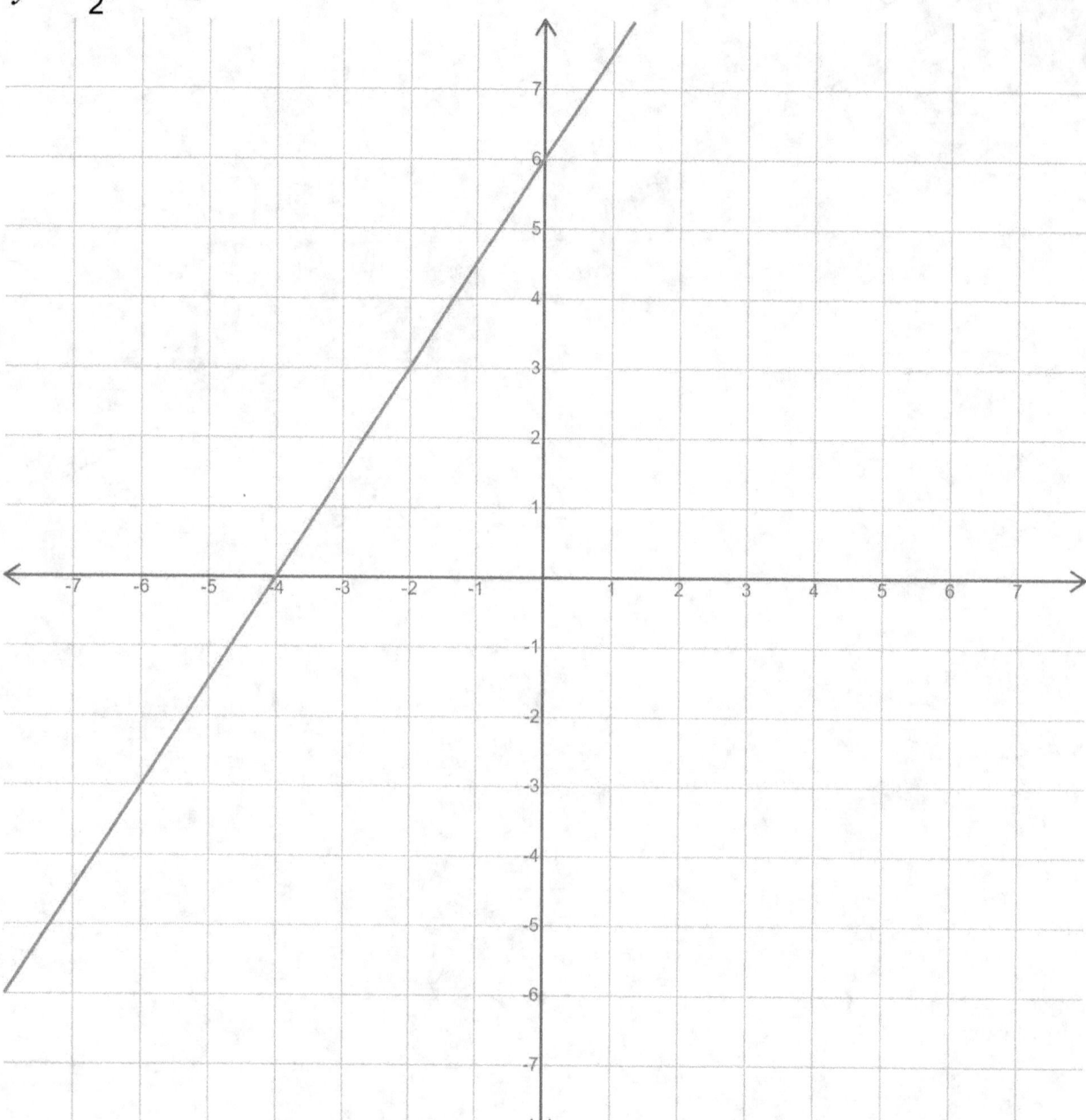

25. $y = \dfrac{-1}{4}x - 7$

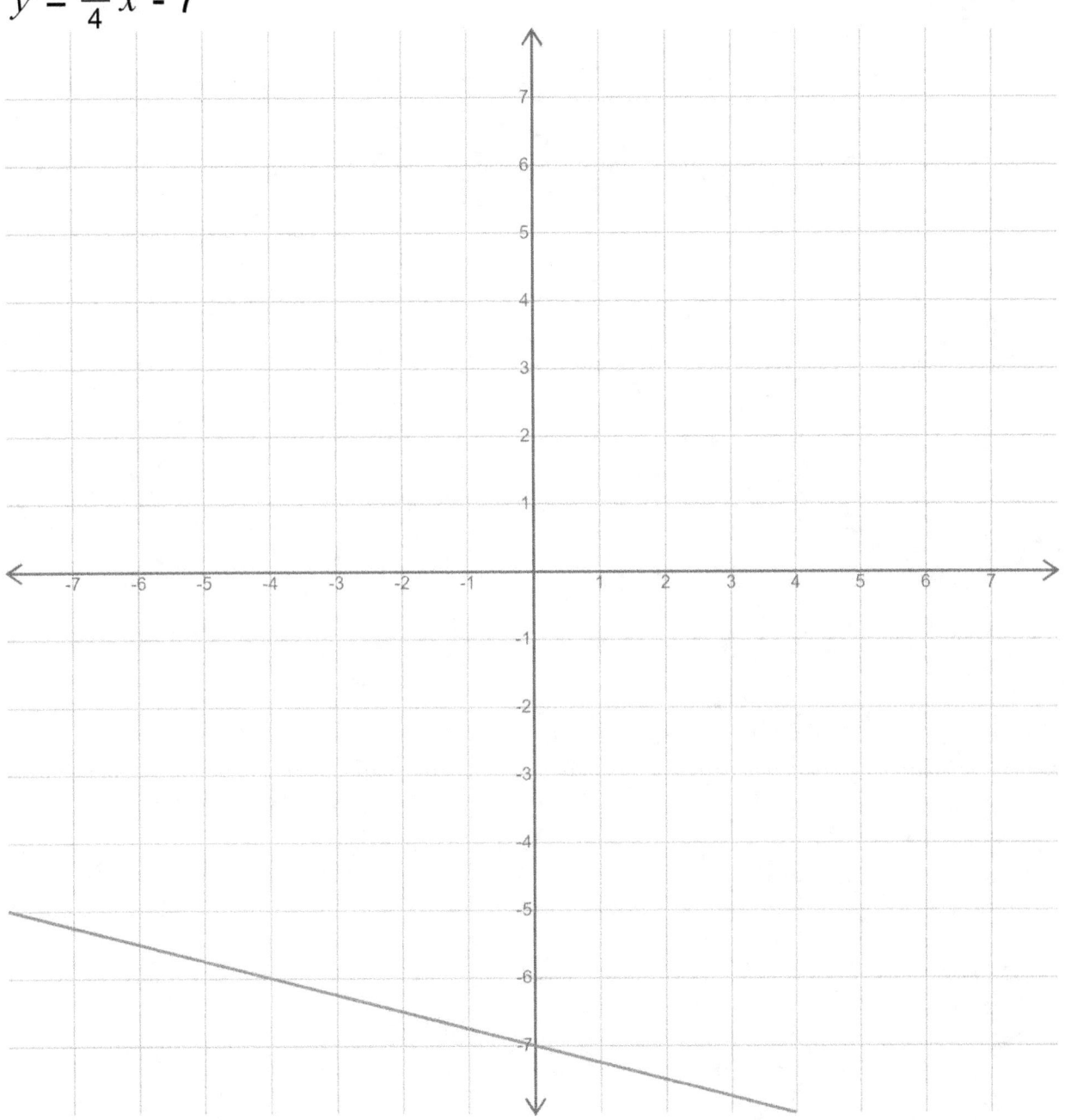

26. $y = \dfrac{-5}{4}x + 4$

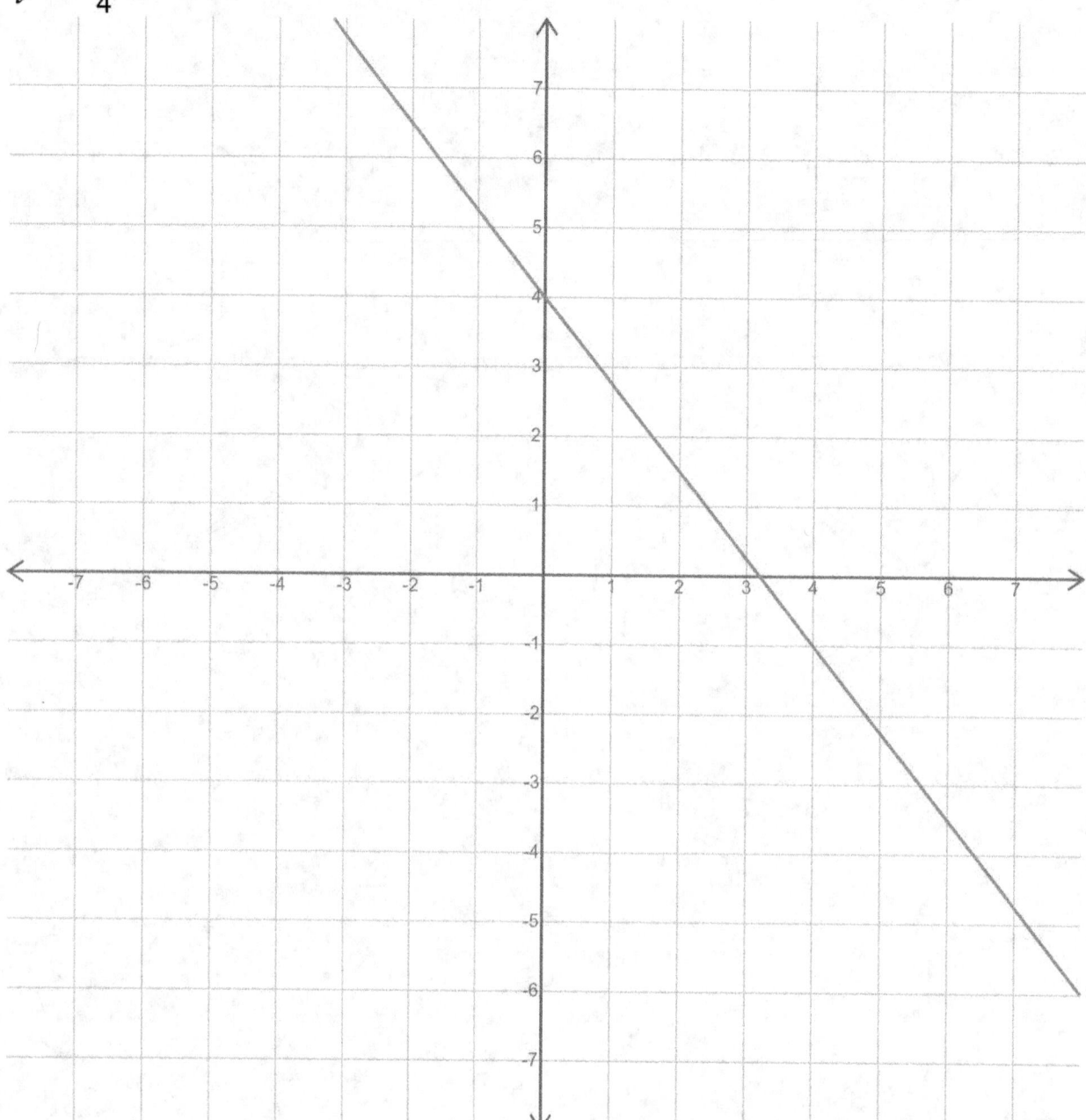

27. $y = \frac{3}{4}x + 6$

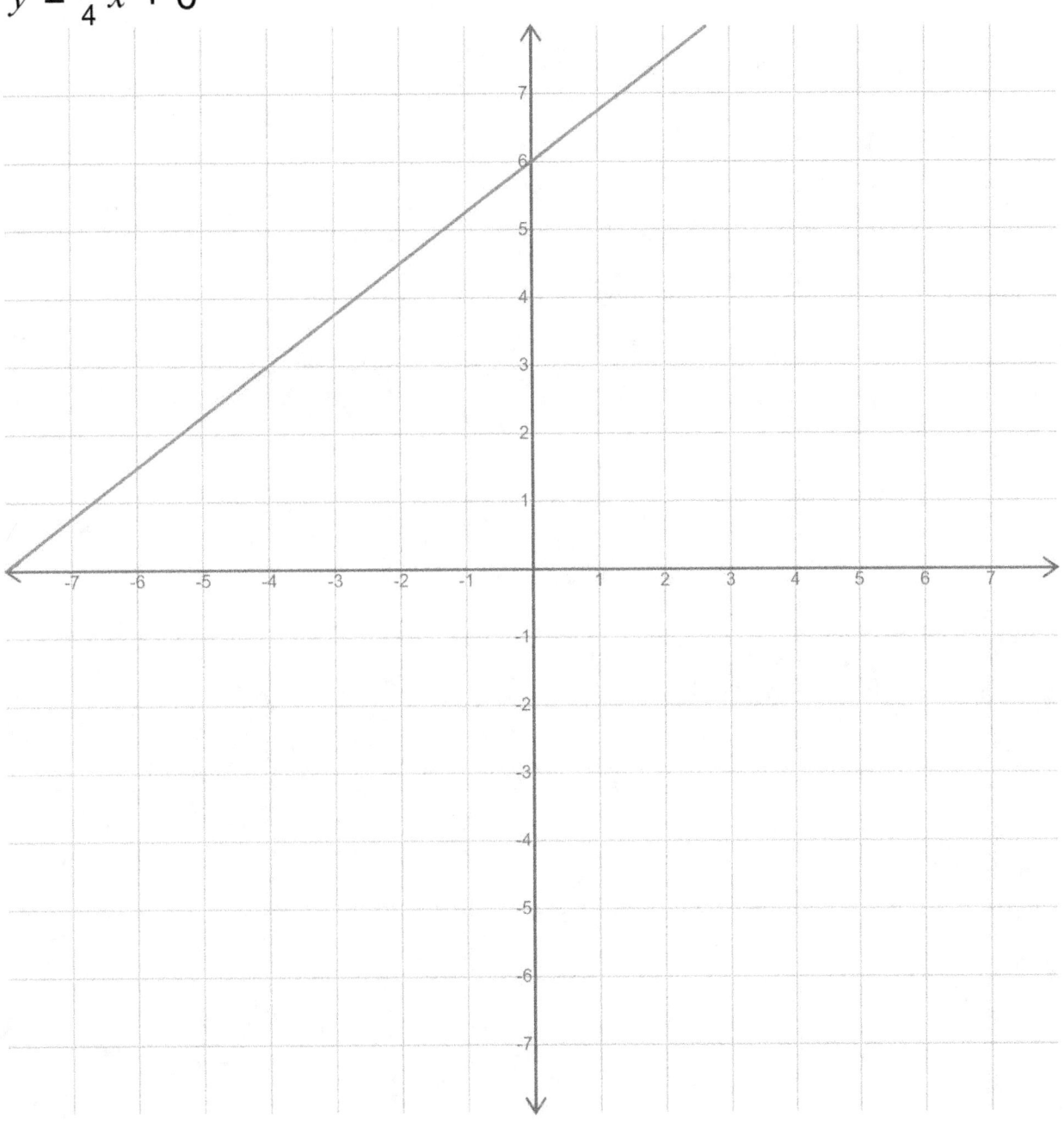

28. $y = \dfrac{-5}{4}x - 1$

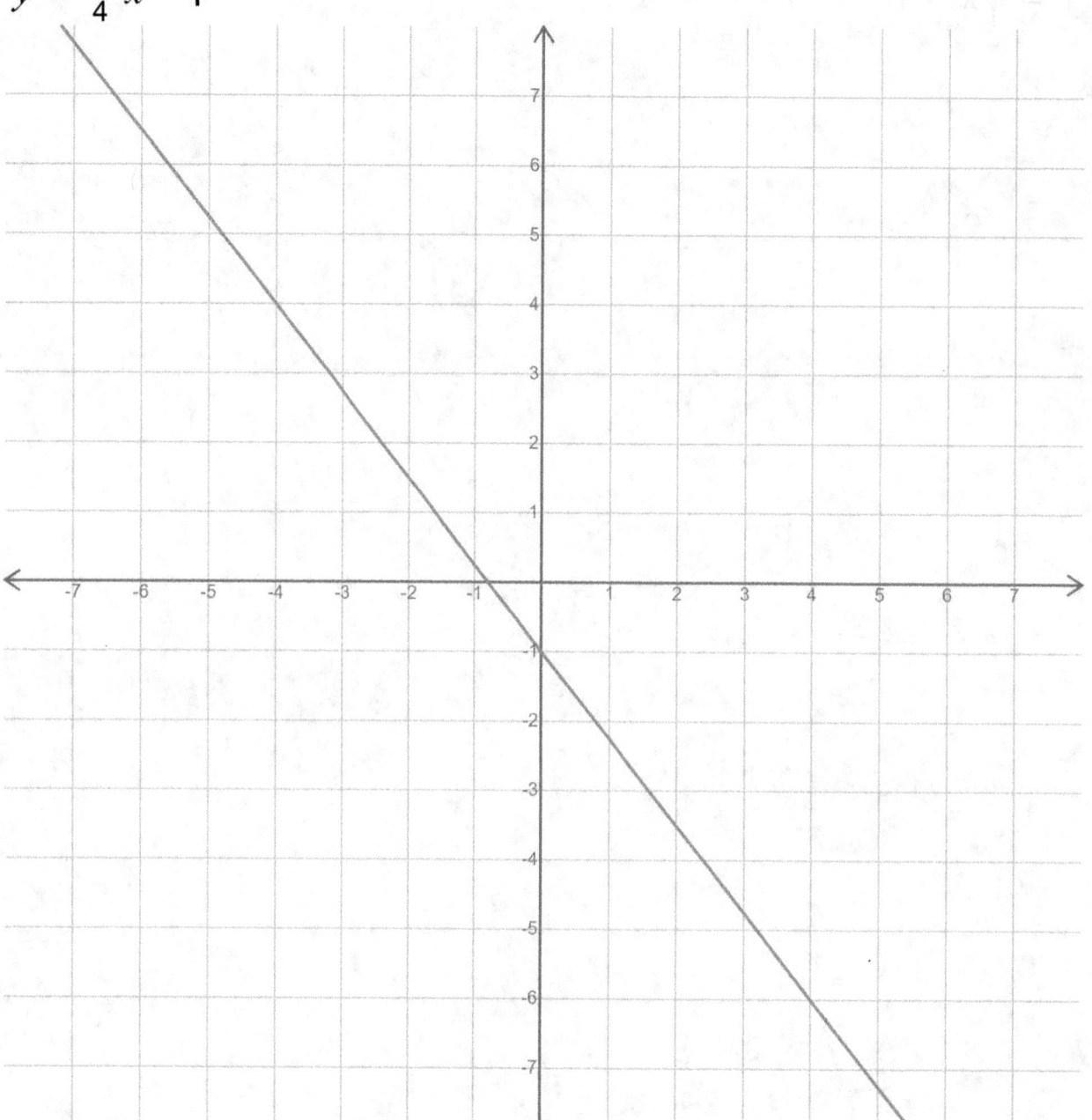

29. $y = \dfrac{-1}{4}x + 1$

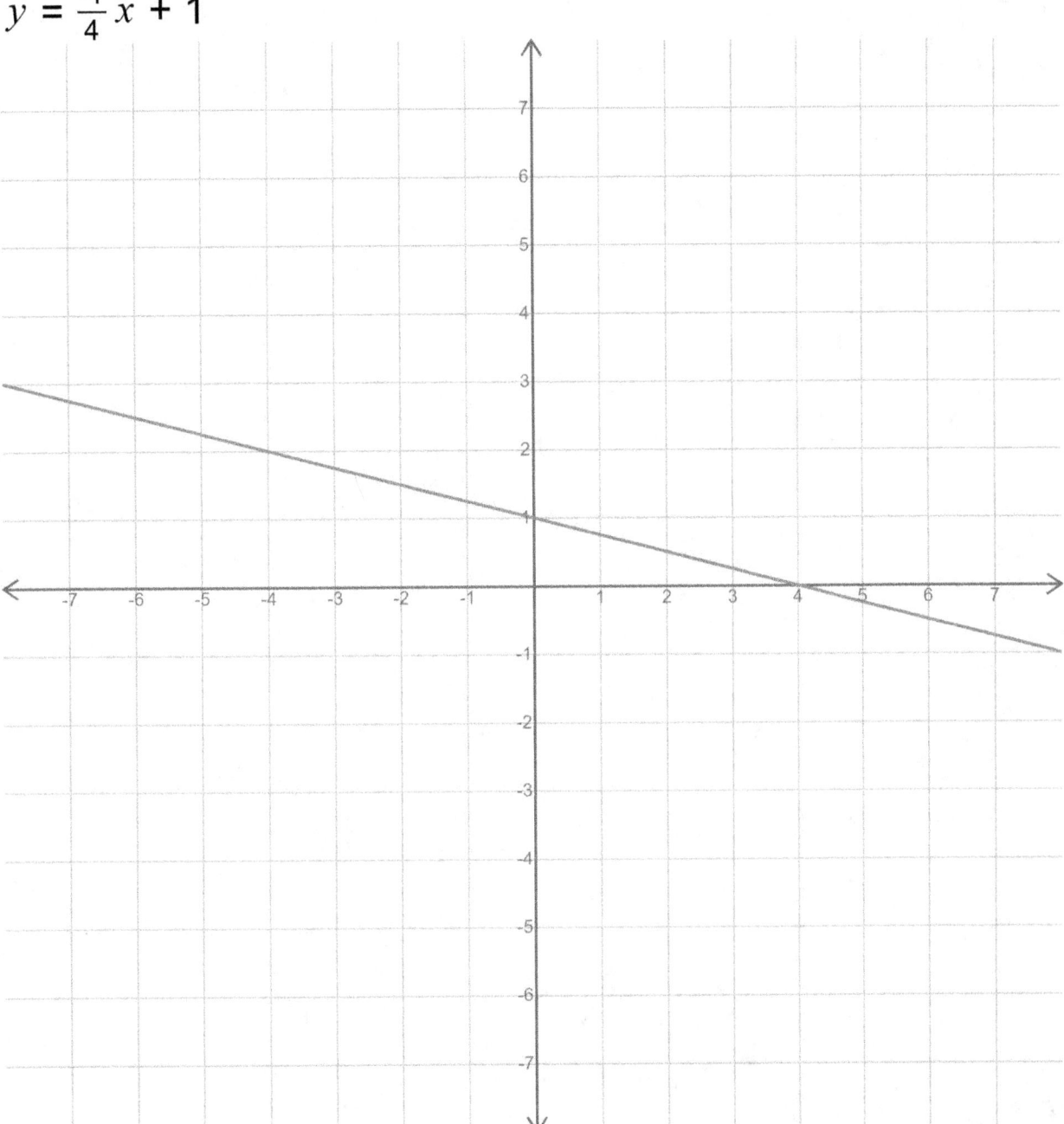

30. $y = \frac{-11}{4}x + 5$

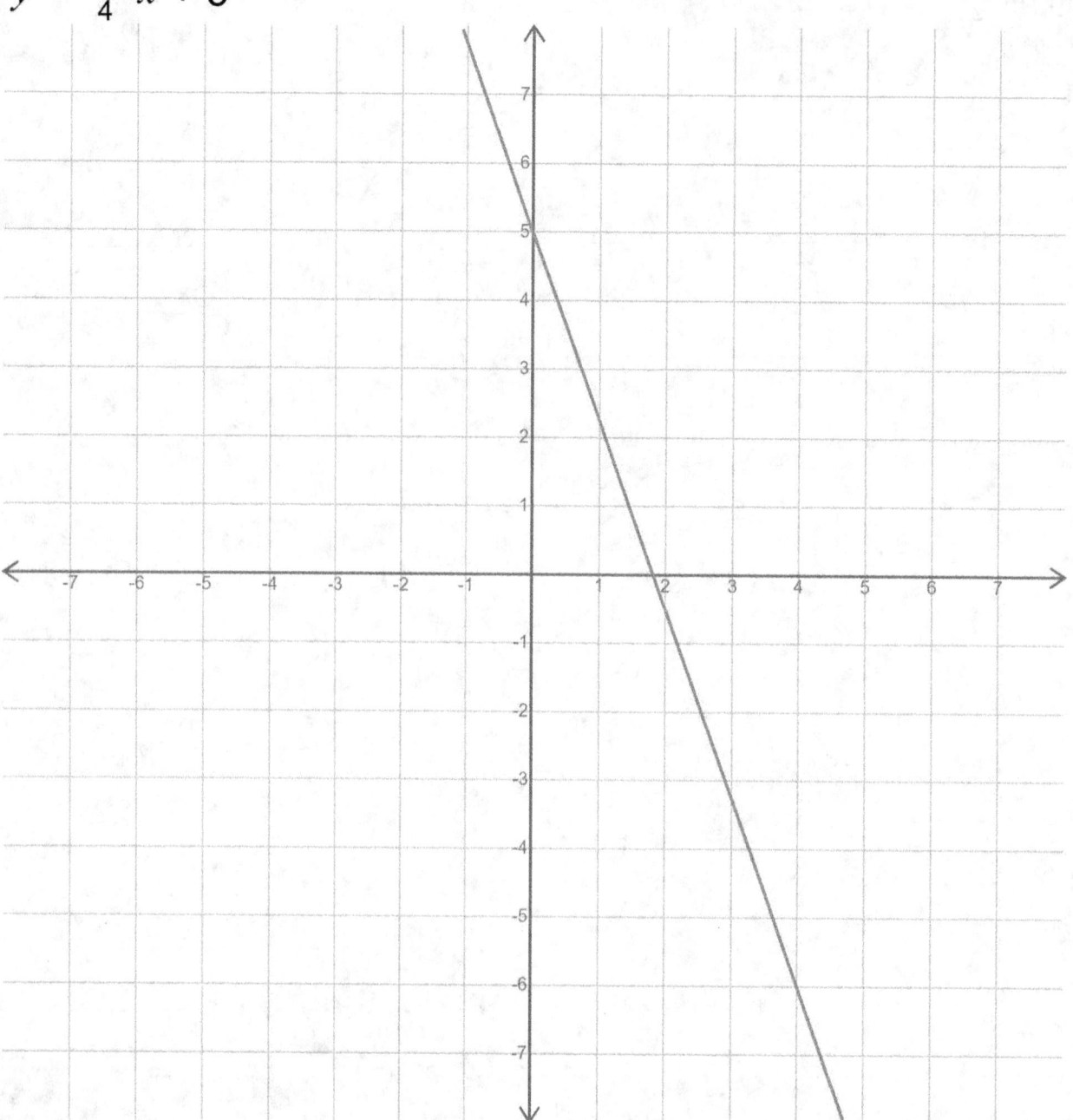

31. $y = \frac{7}{4}x - 6$

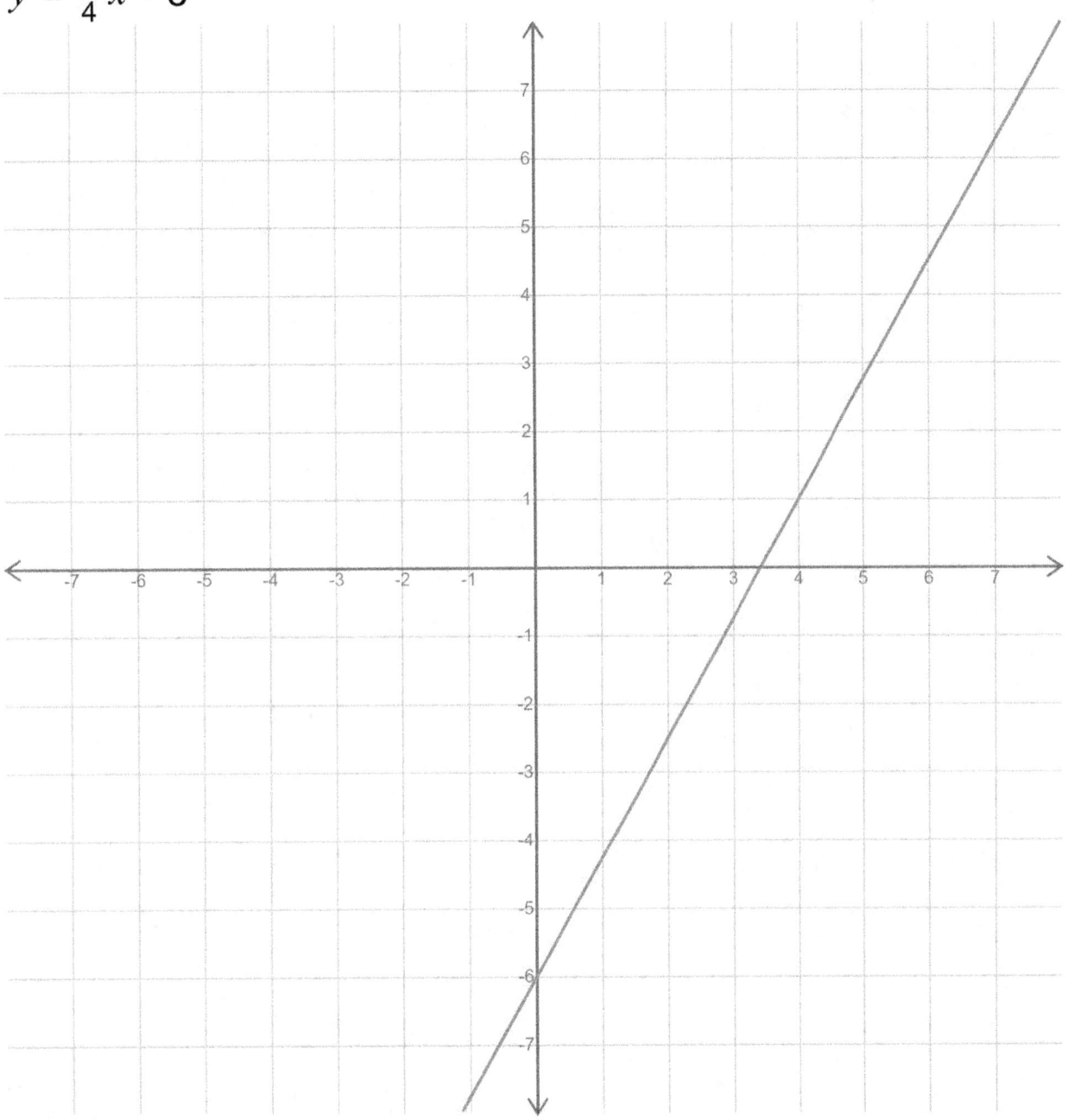

32. $y = \dfrac{-3}{4}x - 6$

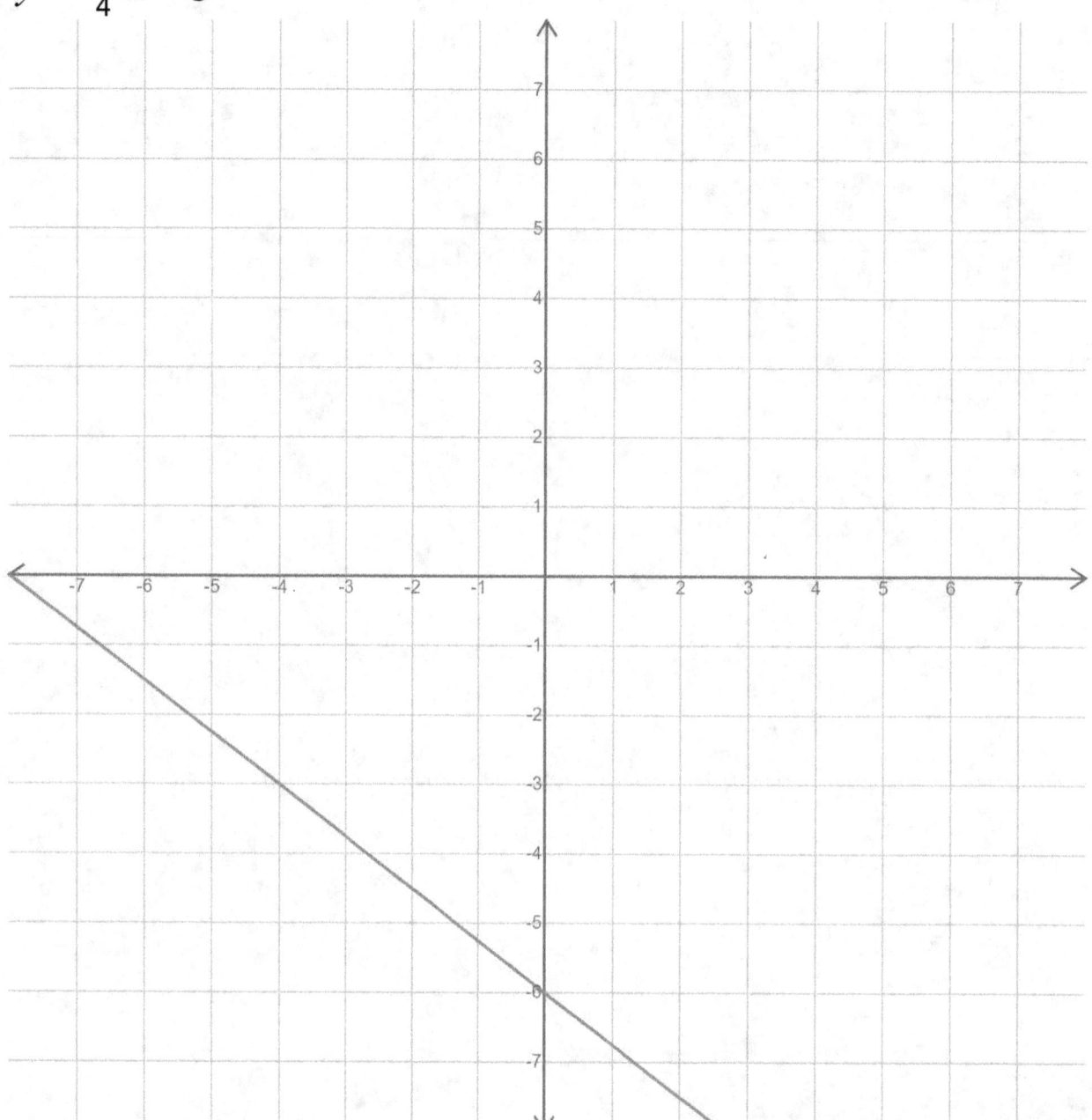

33. $y = \frac{7}{4}x - 3$

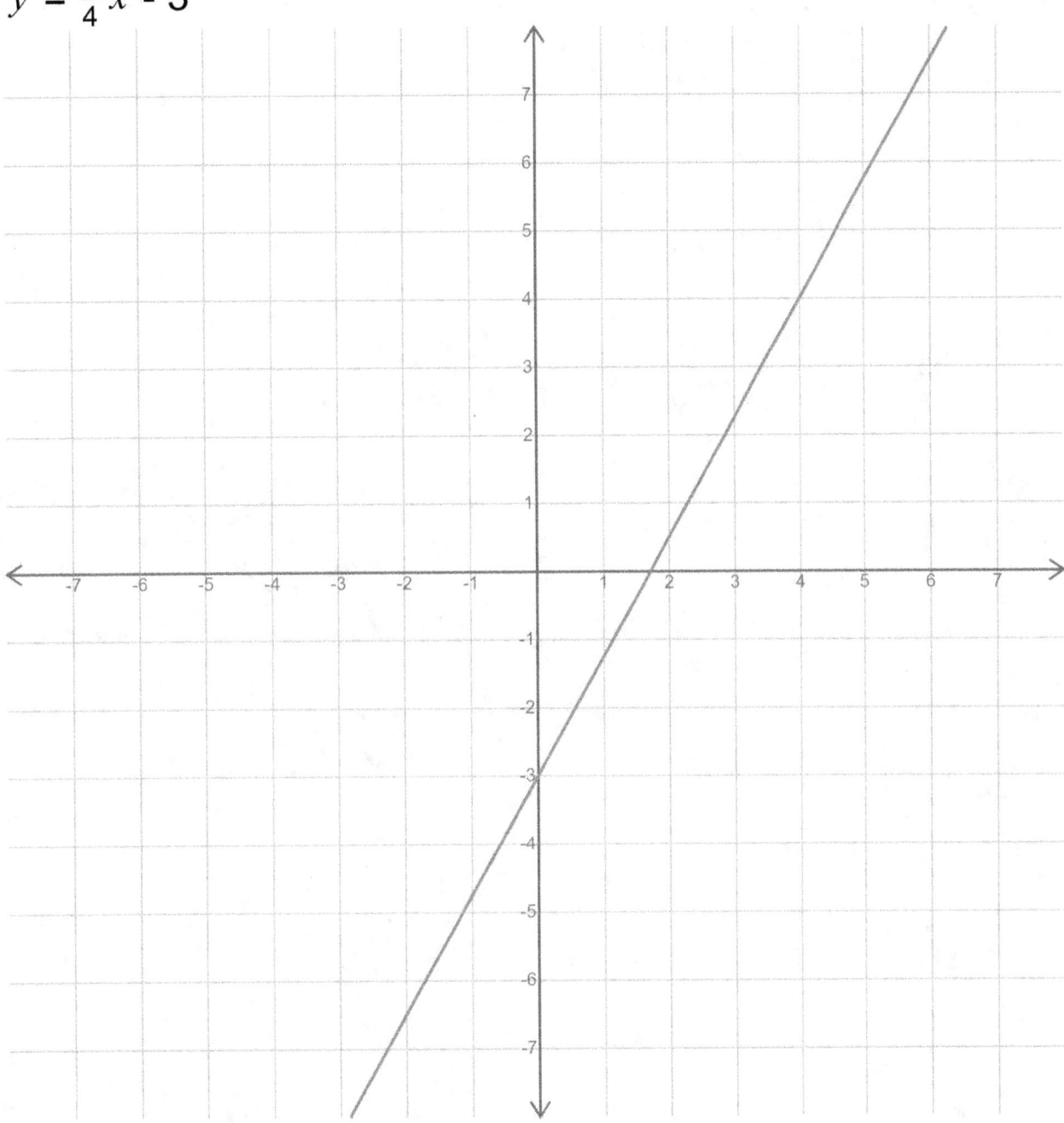

34. $y = \dfrac{-9}{4}x$

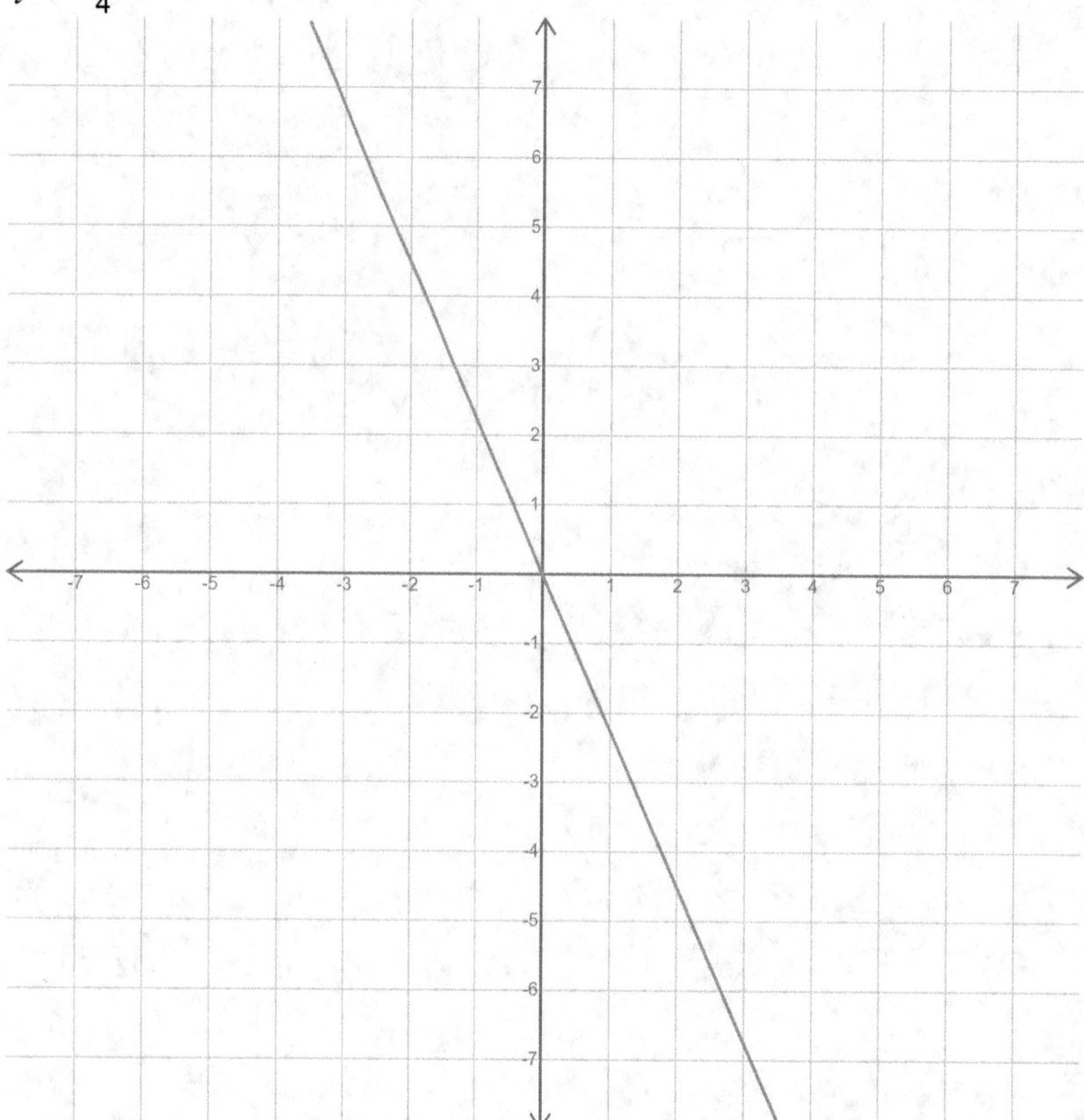

35. $y = \frac{1}{4}x$

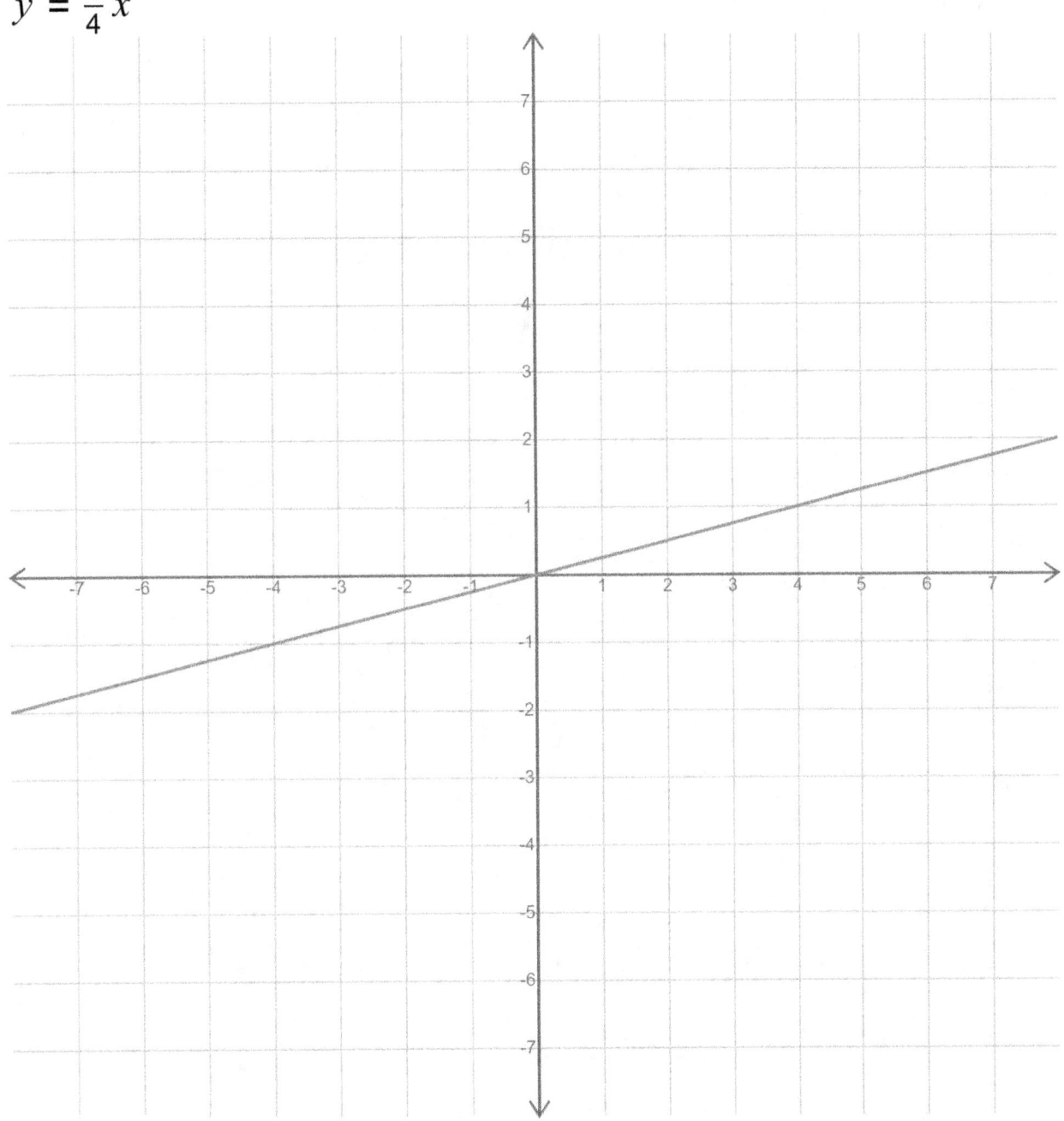

36. $y = -3x + 4$

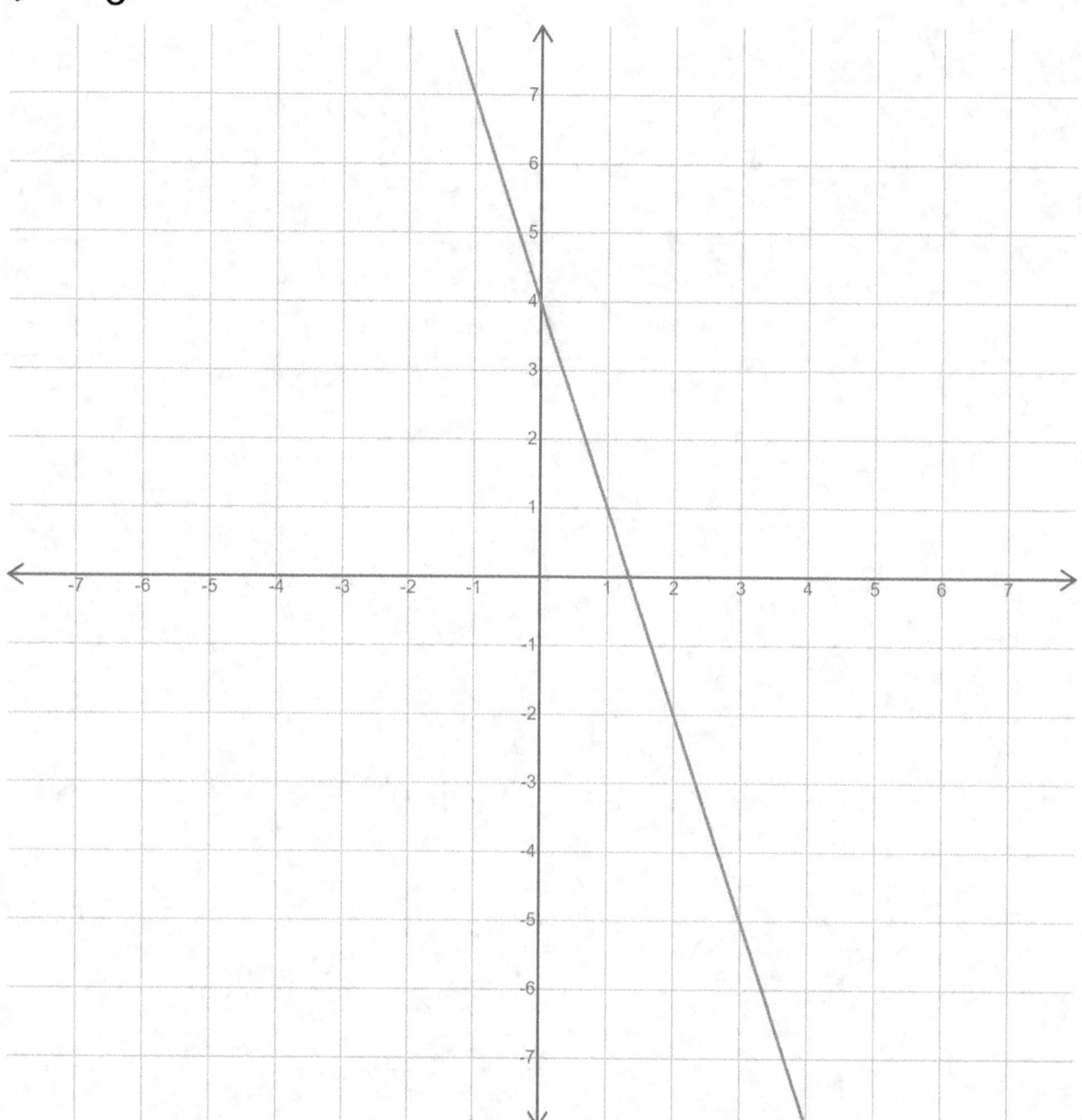

37. $y = \frac{1}{2}x - 1$

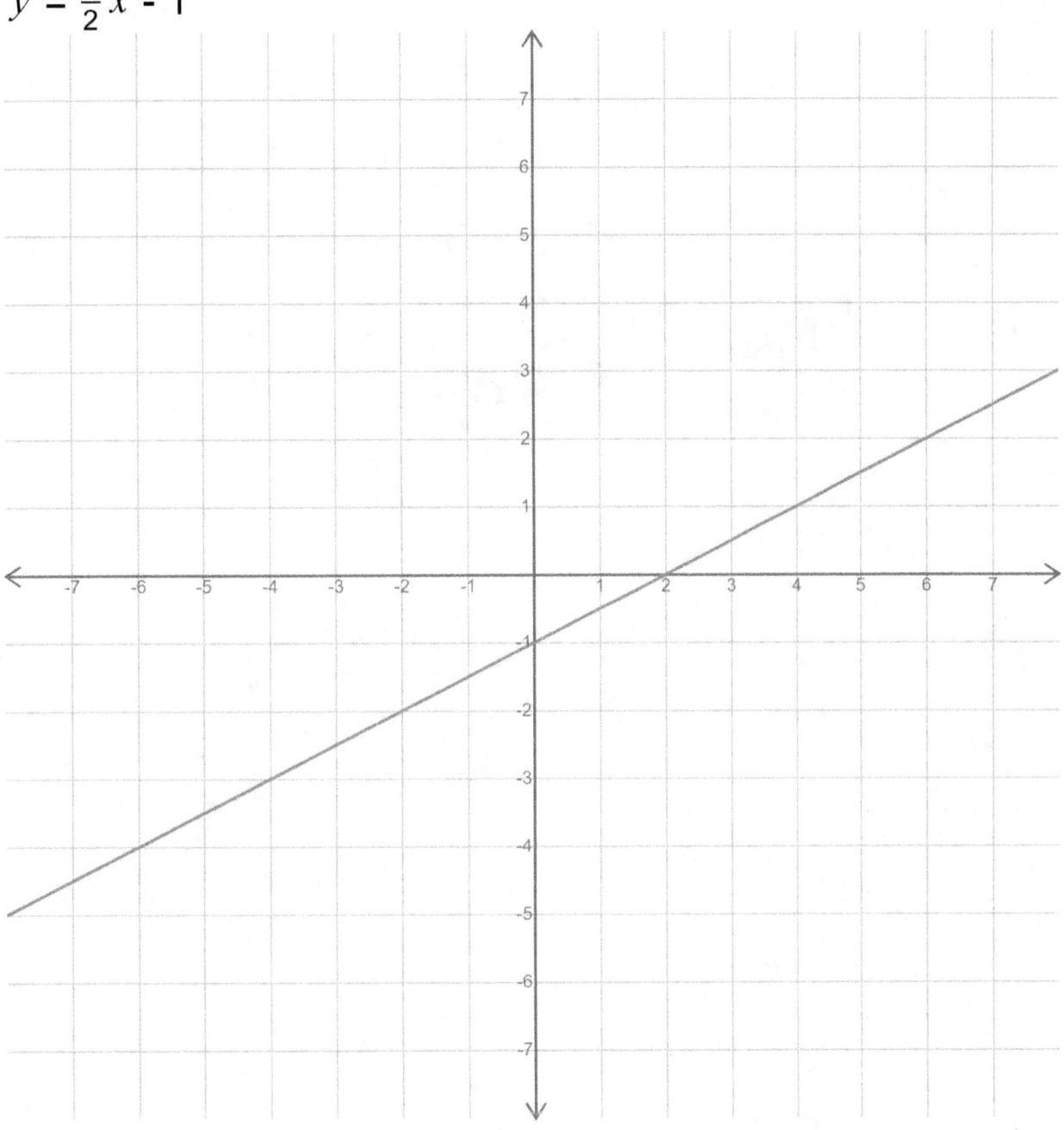

38. $y = \frac{11}{4}x - 5$

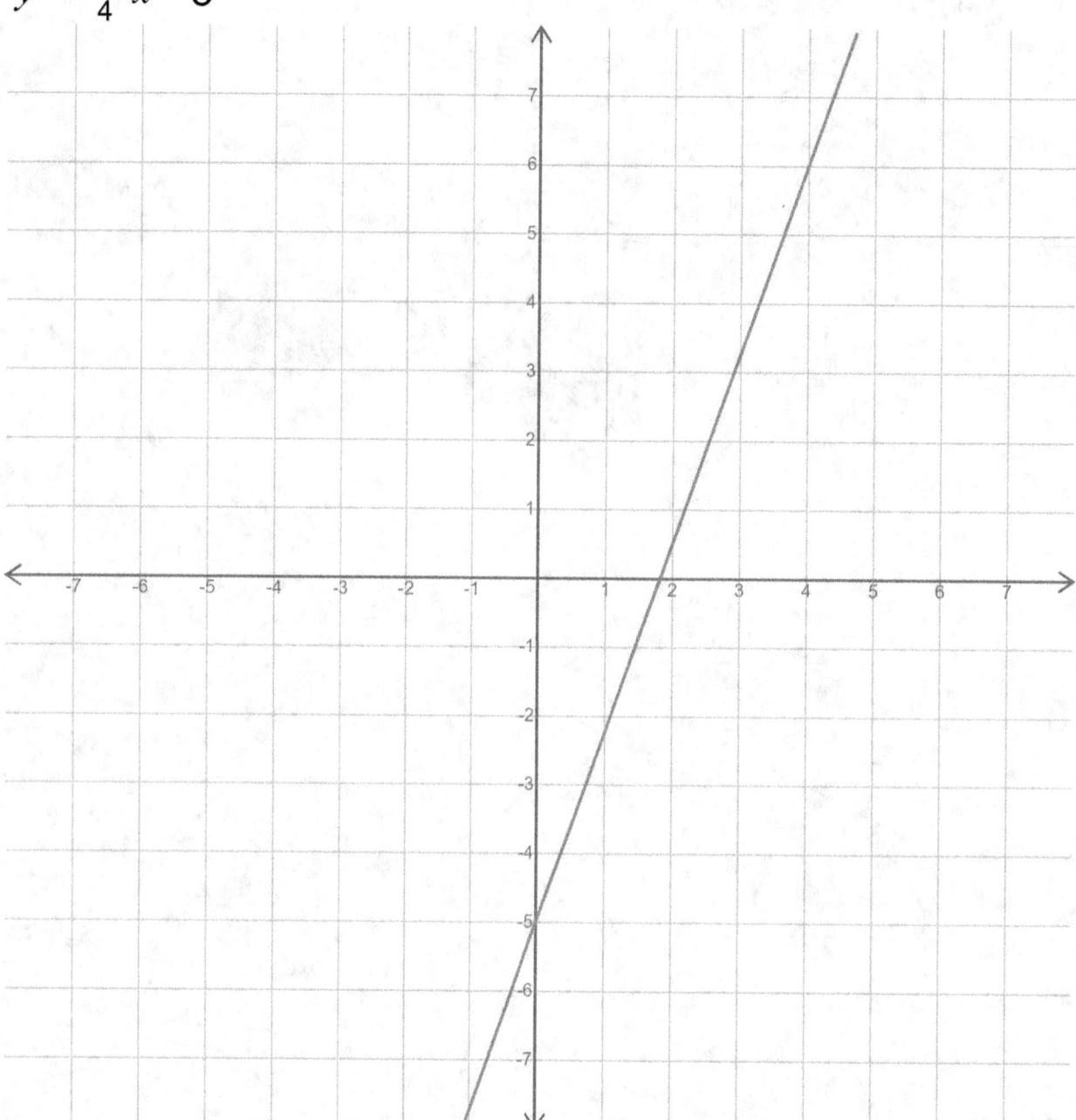

39. $y = \frac{1}{4}x + 2$

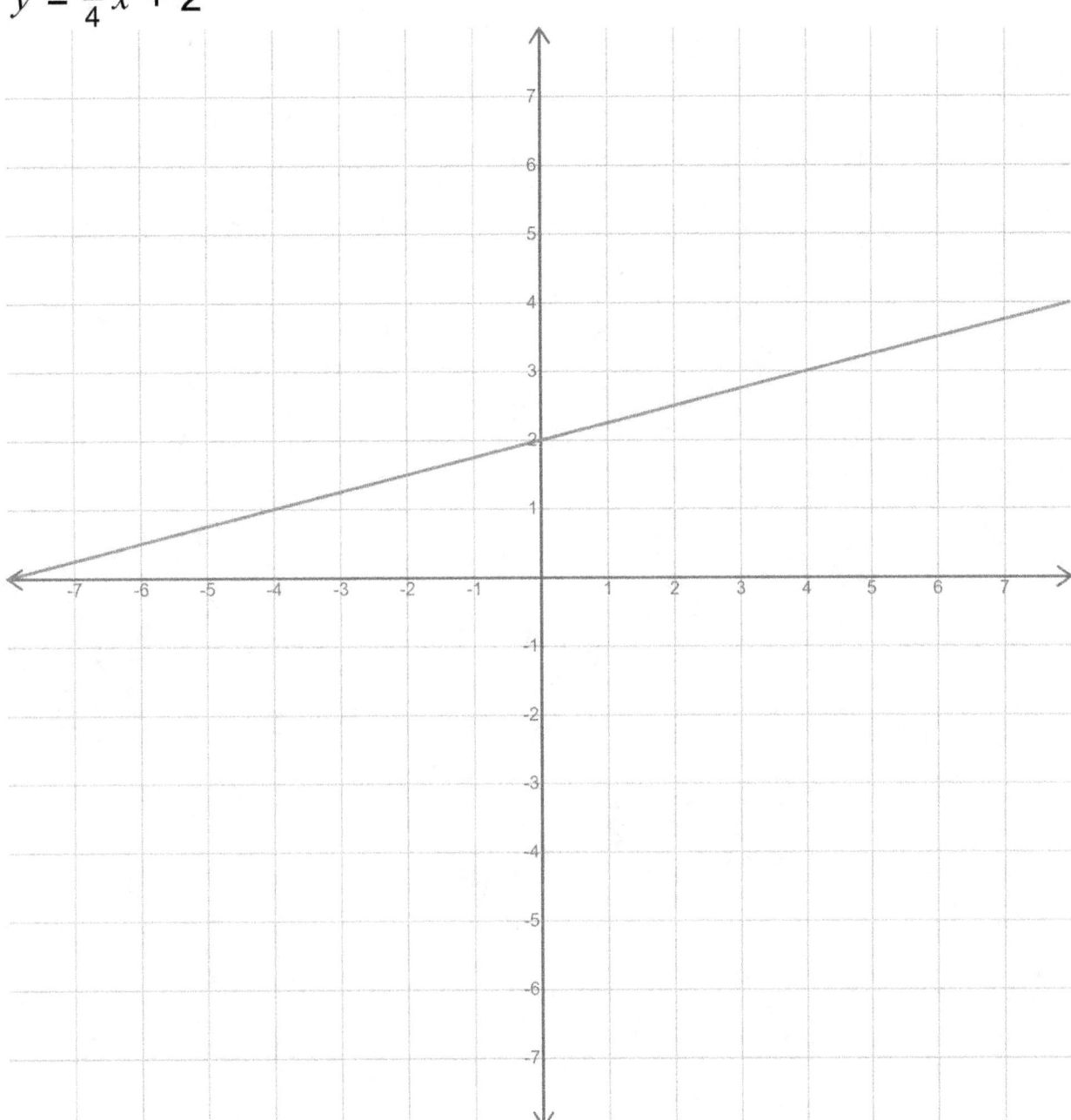

40. $y = -3x - 2$

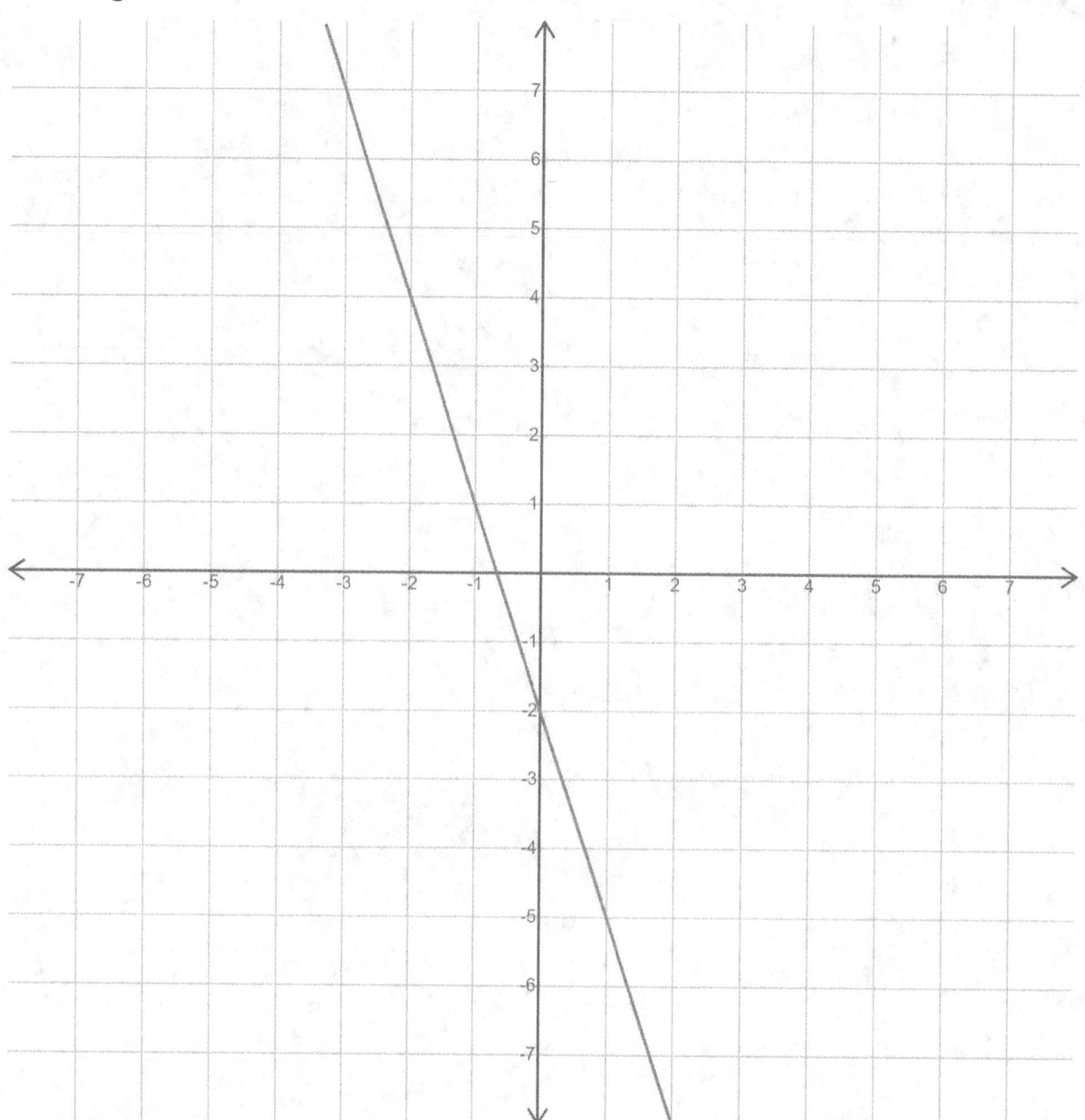

41. $y = \dfrac{3}{2}x$

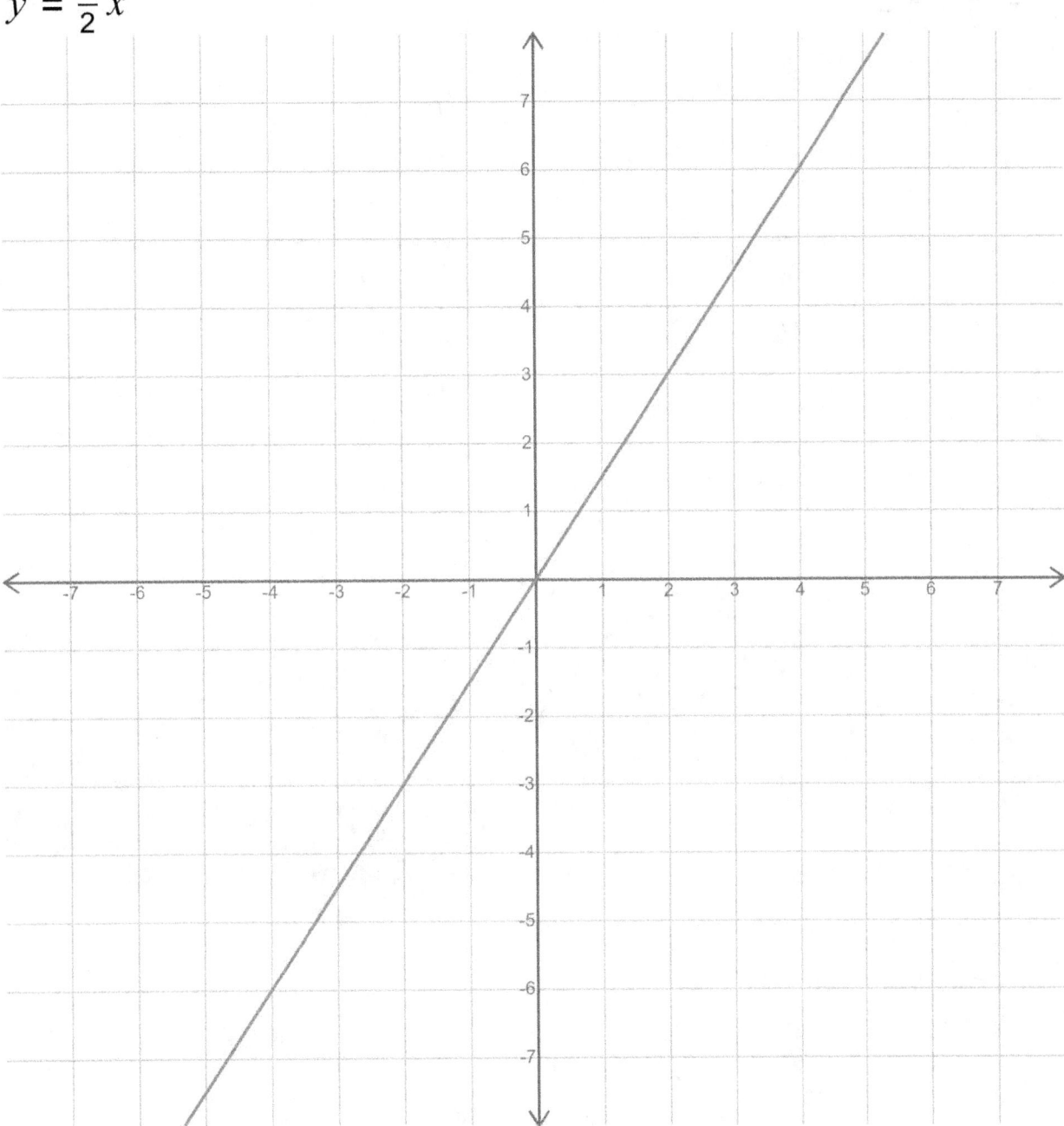

42. $y = \frac{5}{2}x - 2$

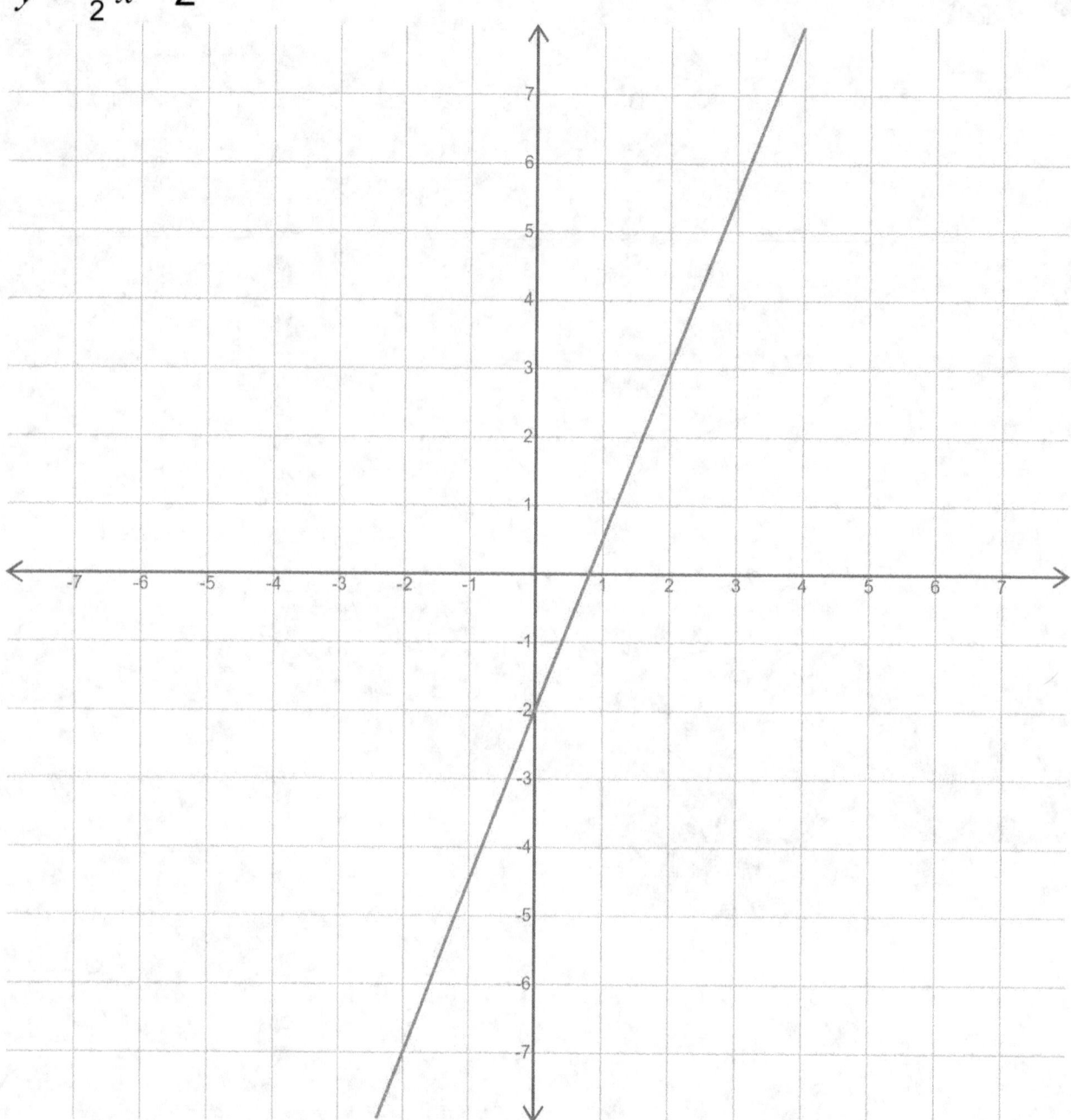

43. $y = \frac{3}{2}x - 5$

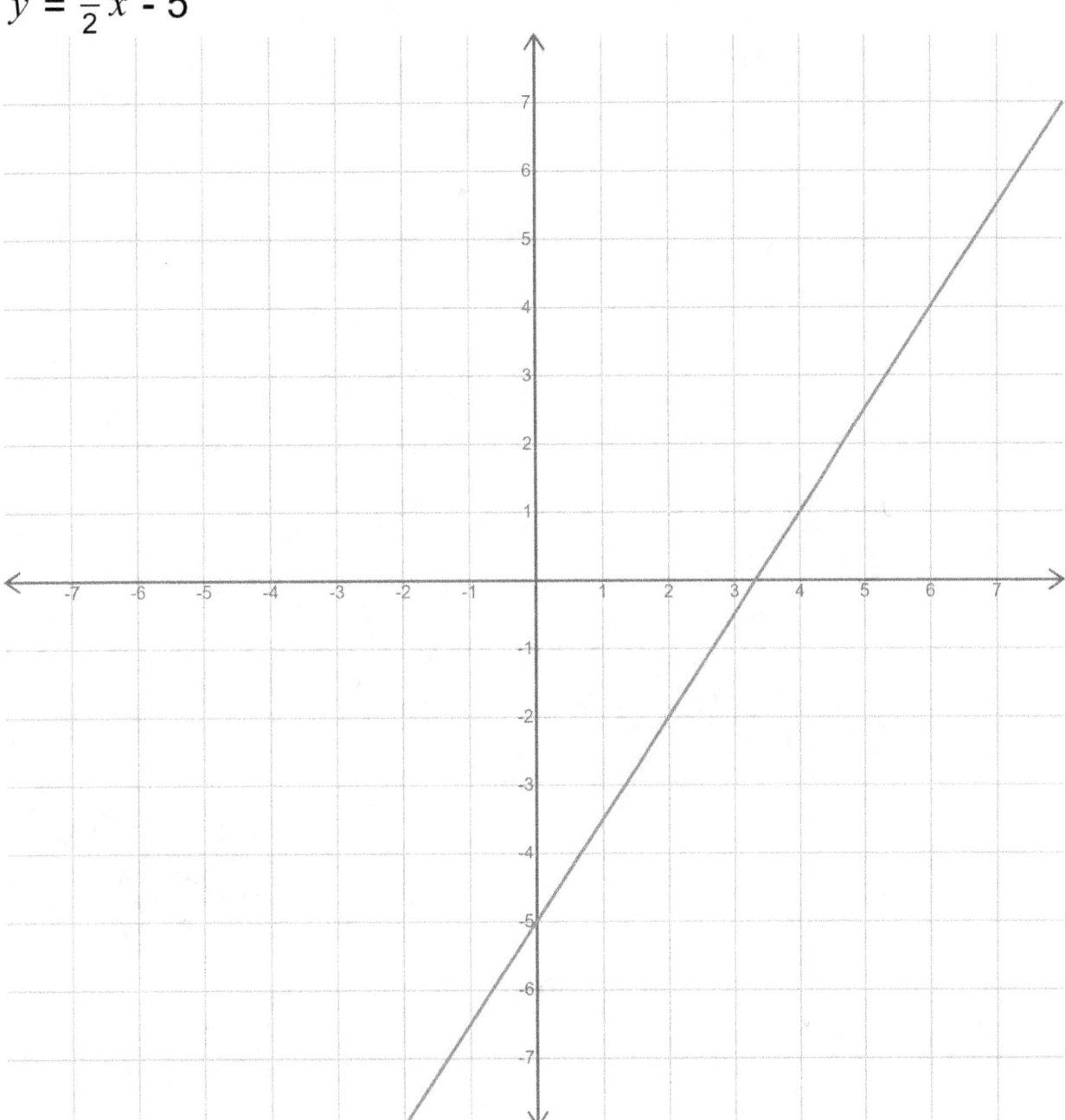

44. $y = \frac{1}{2}x - 7$

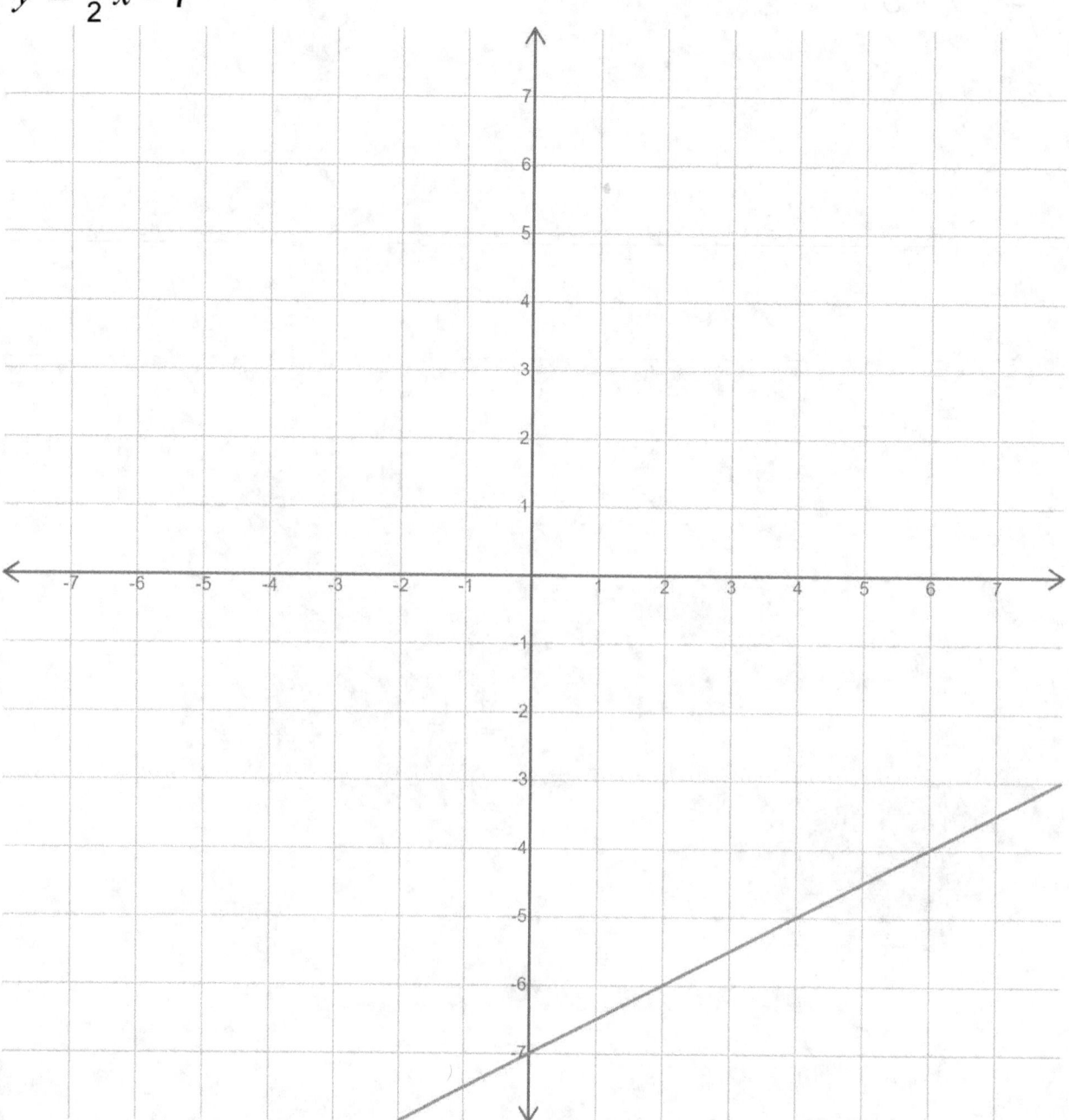

45. $y = \dfrac{-3}{2}x$

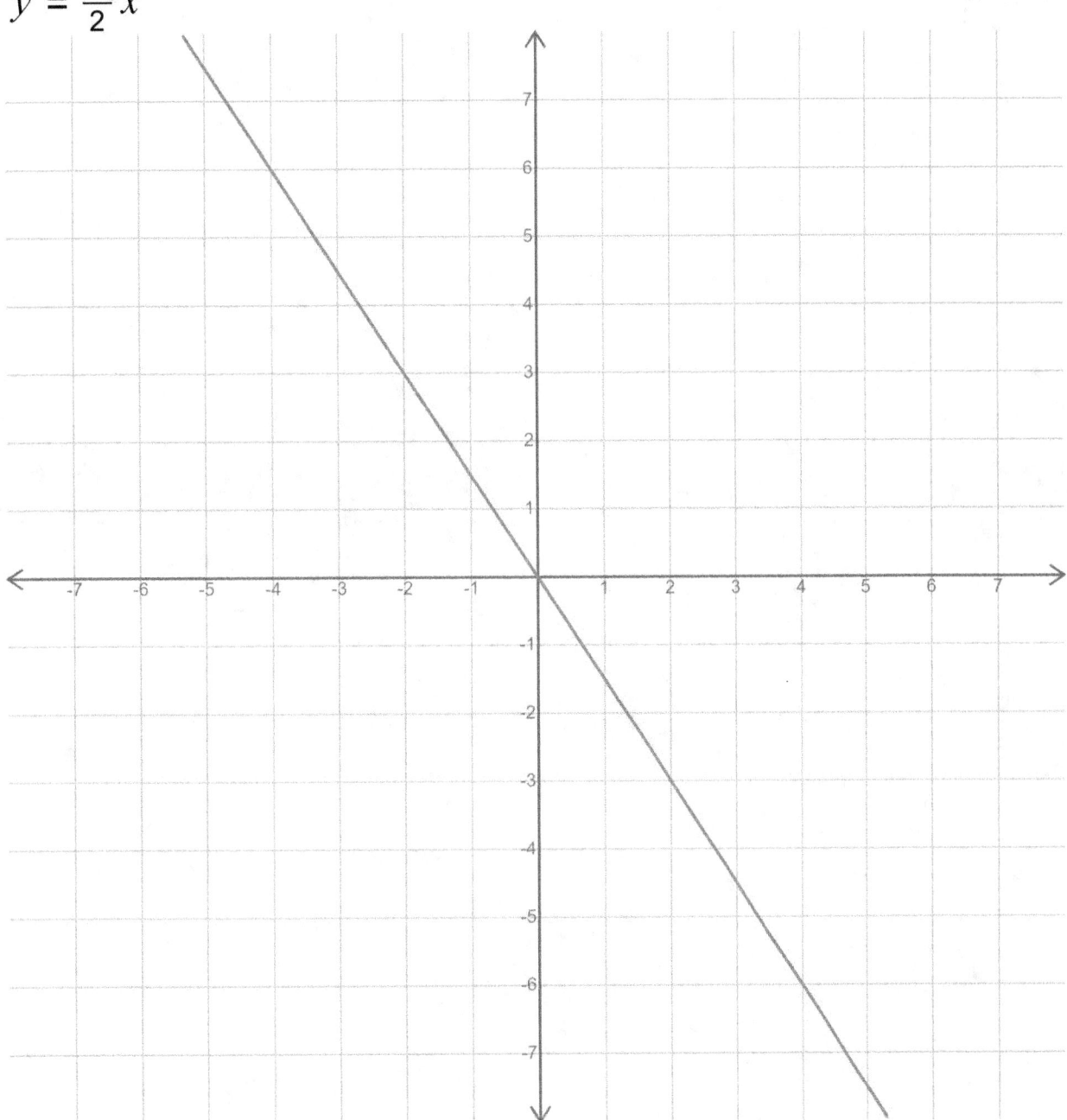

46. $y = \frac{11}{4}x - 3$

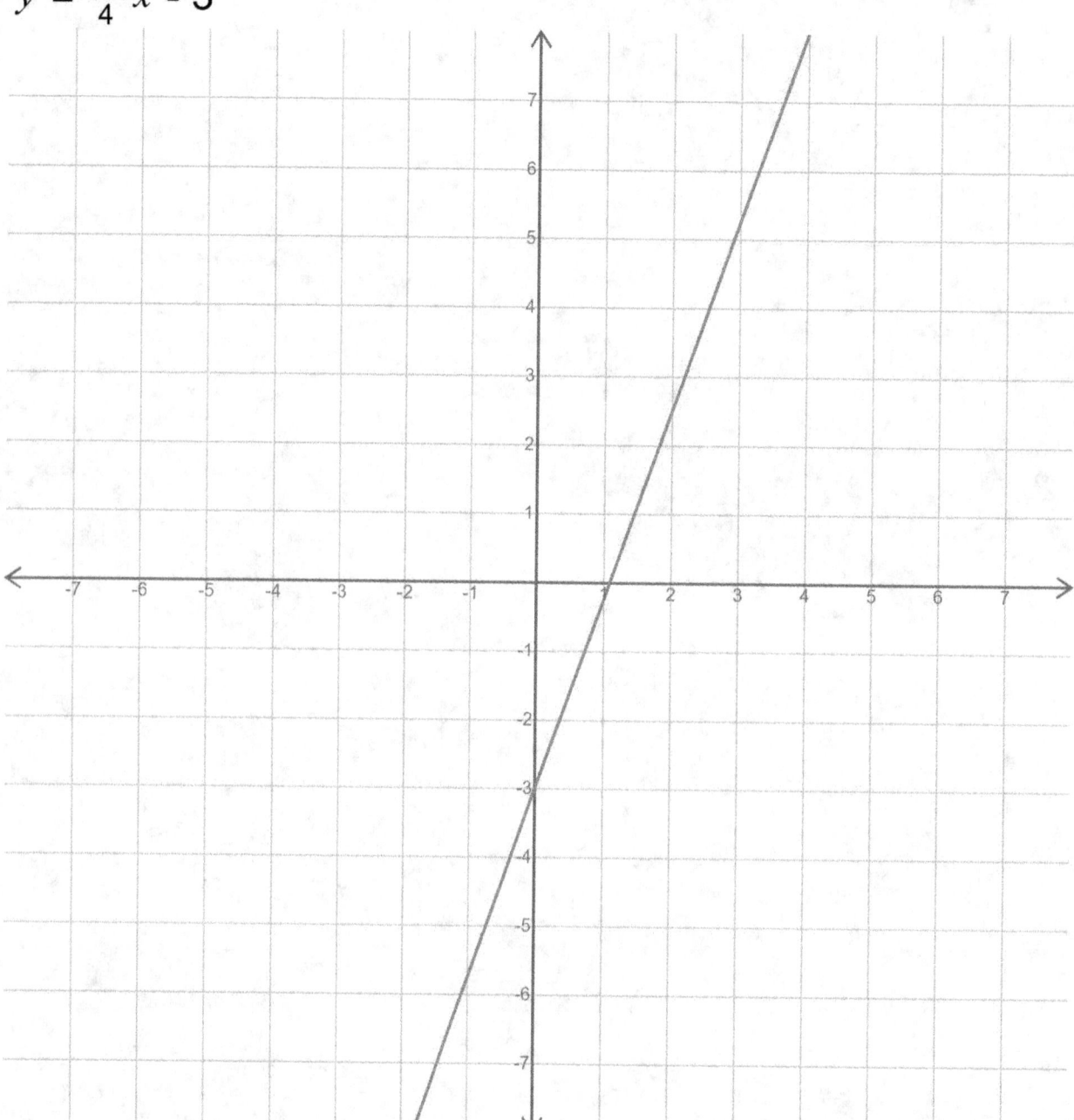

47. $y = -3x + 7$

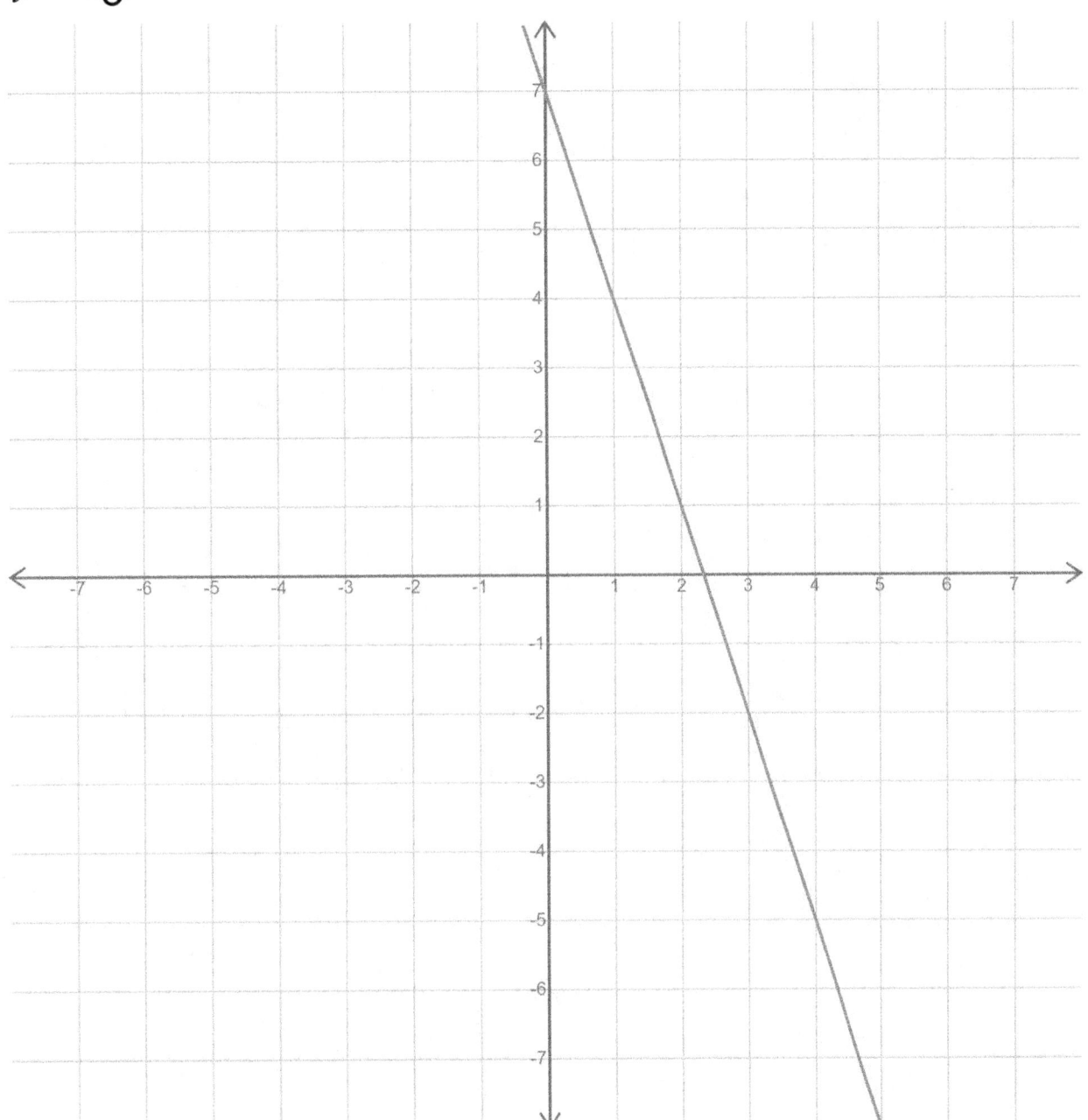

48. $y = \frac{5}{2}x - 5$

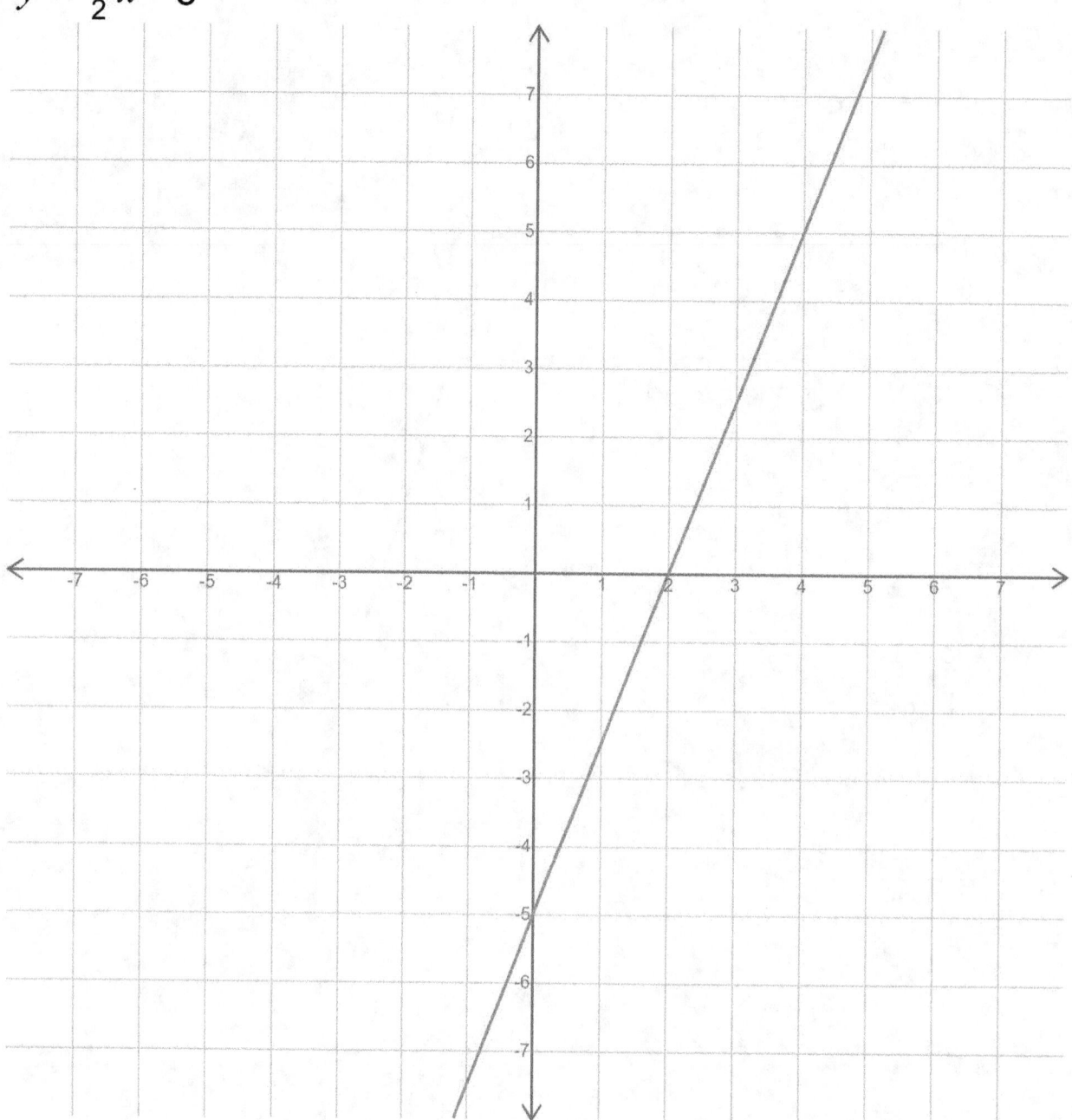

49. $y = 3x - 6$

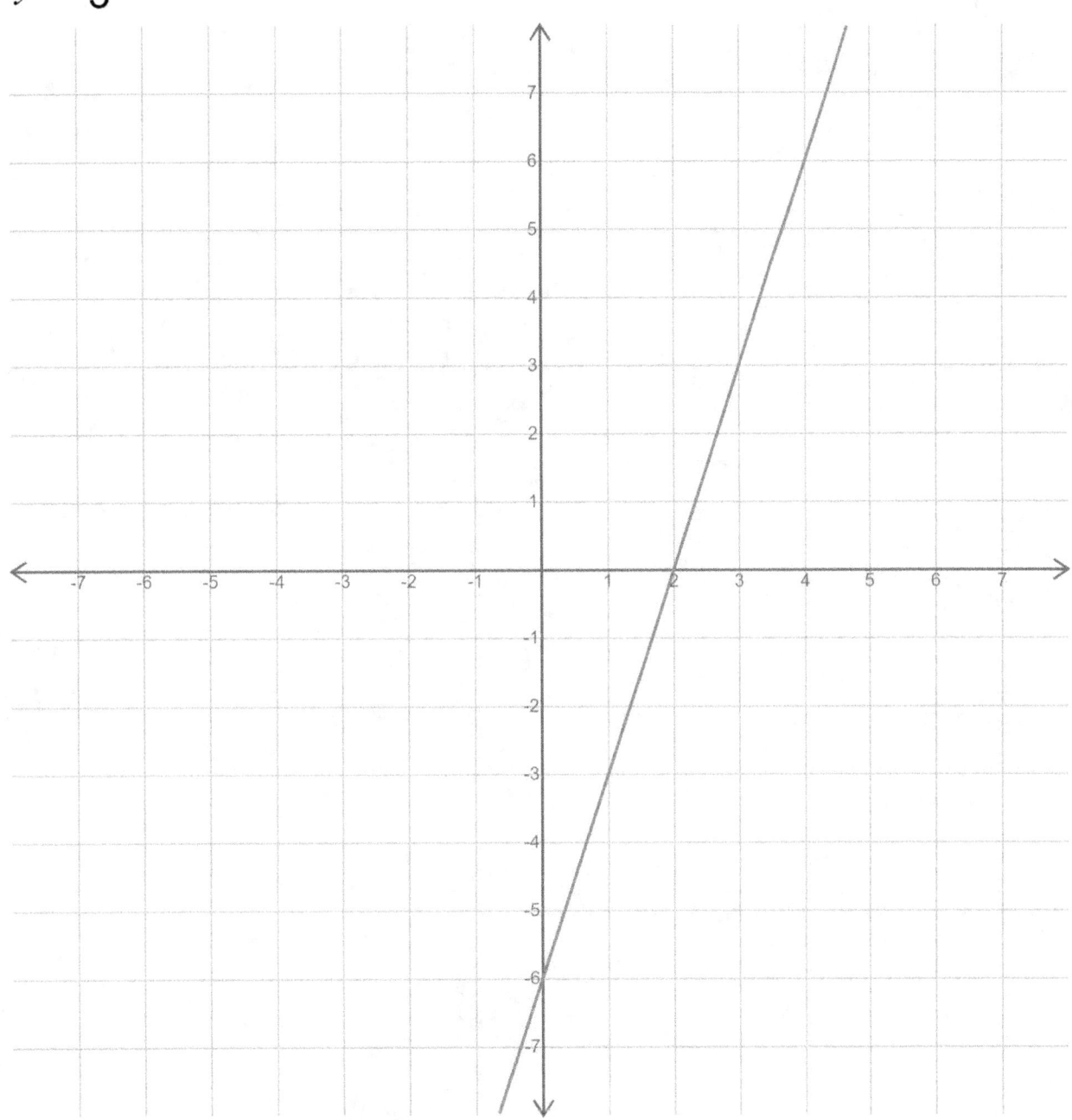

50. $y = \frac{3}{2}x - 4$

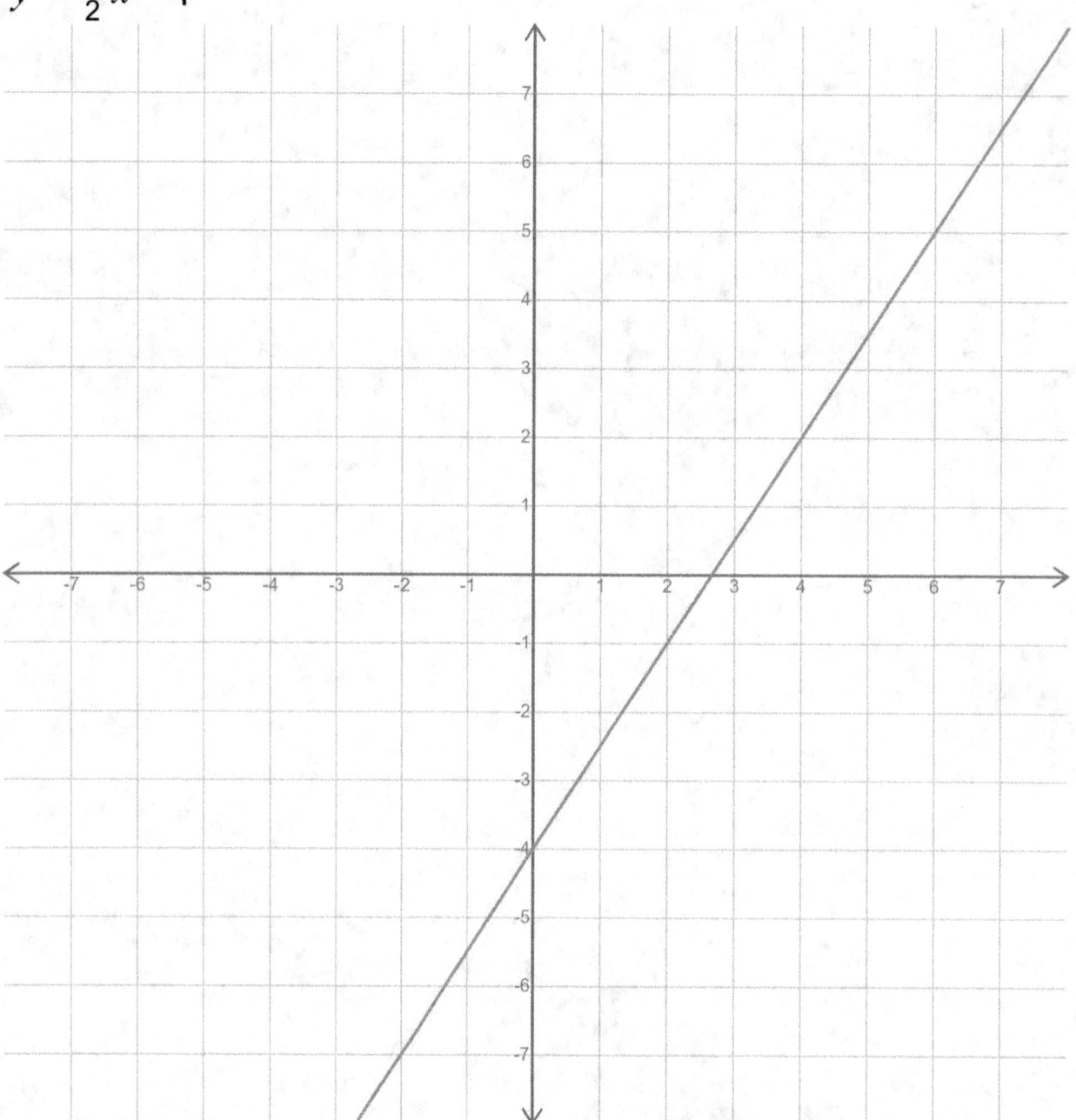

51. $y = \dfrac{-3}{4}x + 6$

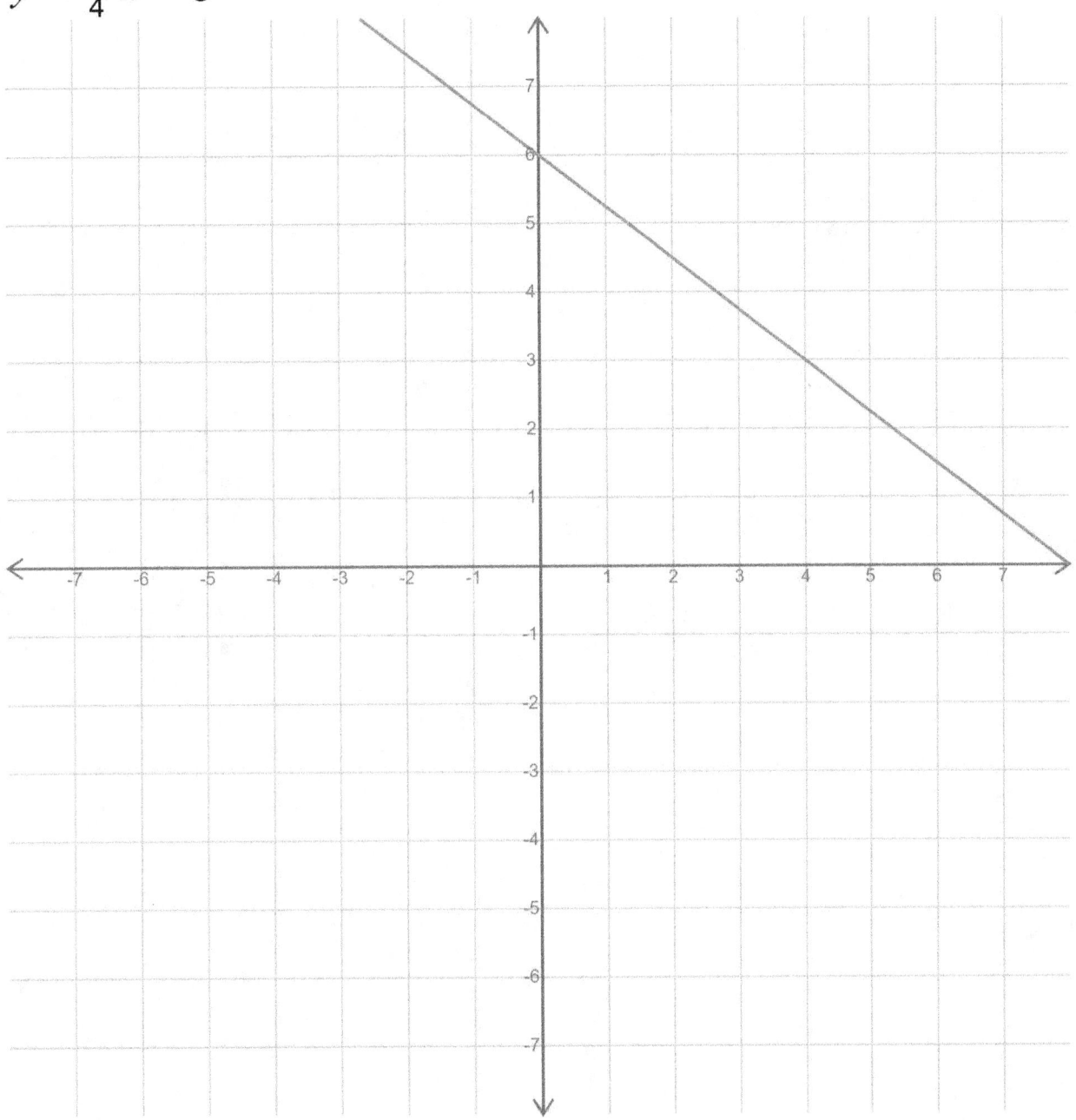

52. $y = \dfrac{-11}{4}x$

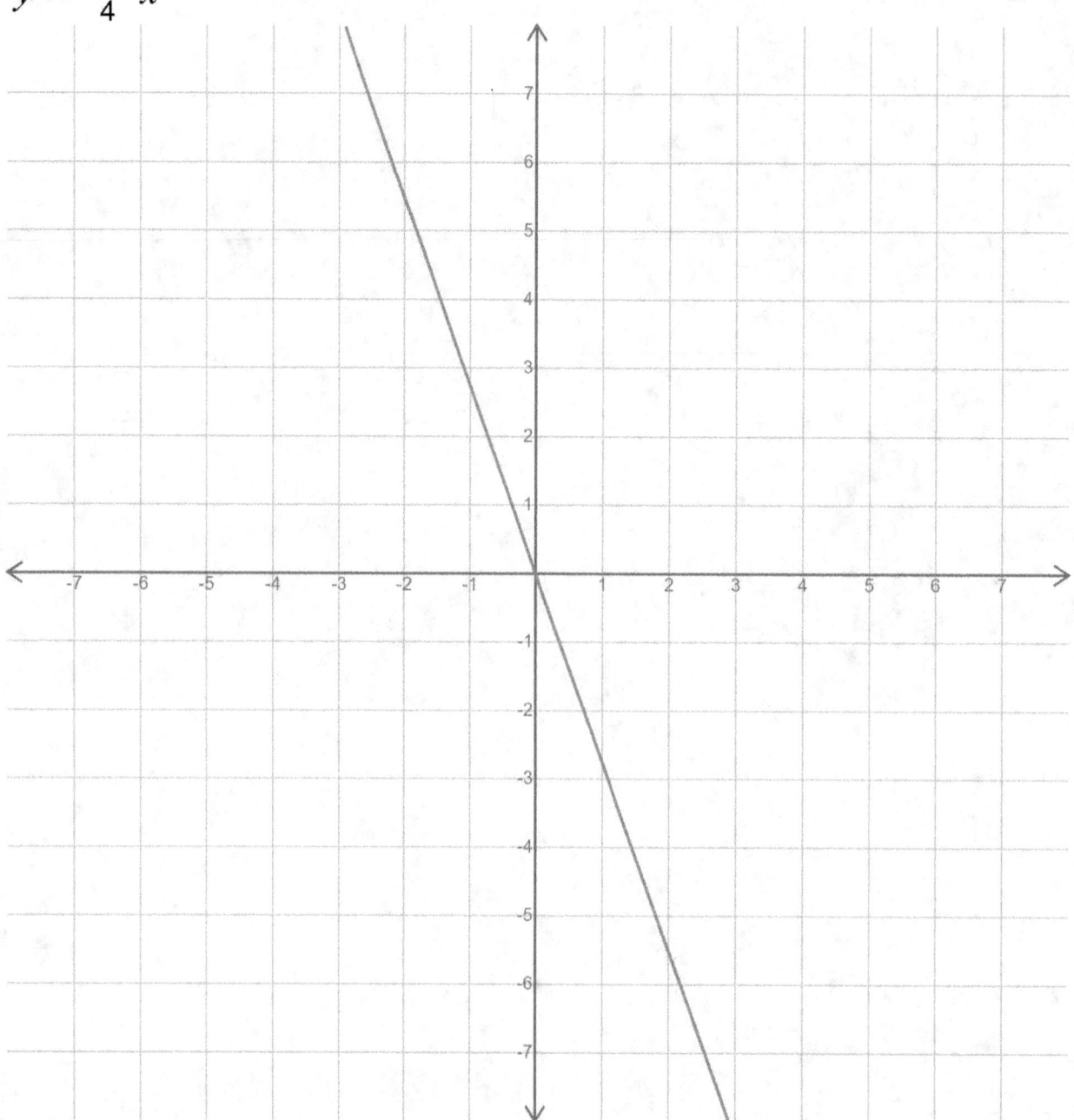

www.ingramcontent.com/pod-product-compliance
Lightning Source LLC
Chambersburg PA
CBHW080505220526
45465CB00006B/2383